长沙县气候与特色农业

李仁鹏 等 编著

气象出版社

China Meteorological Press

内容简介

本书介绍了长沙县的气候特点、主要气象灾害和农业气象灾害风险区划,以及气象与农业的关系。全书共分上、下两篇。上篇是长沙县气候资源及农业气象灾害,包括主要气候特点与农业气象灾害、影响长沙县气候的主要因素、主要气候要素特征、灾害性天气及防御措施、长沙县农业气象灾害风险区划;下篇是气象与特色农业,包括气象与水稻、气象与蔬菜、气象与茶叶、气象与葡萄。附录包括长沙县气候之最、常用气象术语简介、气象法规。

本书可供从事农业、林业、水利、国土资源、规划、电力、环保、工业、商业、交通运输、经济信息、文教及农村专业合作社等行业的人员参考。

图书在版编目(CIP)数据

长沙县气候与特色农业 / 李仁鹏等编著. -- 北京 :
气象出版社, 2022.8
ISBN 978-7-5029-7777-1

Ⅰ. ①长… Ⅱ. ①李… Ⅲ. ①农业气象-气候资源-
研究-长沙县②特色农业-农业发展-研究-长沙县
Ⅳ. ①S162.226.44②F327.644

中国版本图书馆CIP数据核字(2022)第149308号

Changshaxian Qihou yu Tese Nongye

长沙县气候与特色农业

李仁鹏 等 编著

出版发行:气象出版社

地　　址:北京市海淀区中关村南大街 46 号　　　　邮政编码:100081

电　　话:010-68407112(总编室)　010-68408042(发行部)

网　　址:http://www.qxcbs.com　　　　**E-mail**:qxcbs@cma.gov.cn

责任编辑:张锐锐　吕厚荃　　　　　　　终　审:吴晓鹏

责任校对:张硕杰　　　　　　　　　　　责任技编:赵相宁

封面设计:艺点设计

印　　刷:北京建宏印刷有限公司

开　　本:787 mm×1092 mm　1/16　　　印　张:10.5

字　　数:270 千字

版　　次:2022 年 8 月第 1 版　　　　　印　次:2022 年 8 月第 1 次印刷

定　　价:58.00 元

编委会

主　　编：李仁鹏

副主编：陈朝晖　　郭东鑫　　　吴重池　　陈泓如
　　　　邱庆栋　　周陈栋仁　　黄正才

编　　委：陆魁东　　陈耆验　　　匡方毅　　杨文略
　　　　向　懿　　常　炬　　　徐缘缘　　王健龙
　　　　邓大海　　刘怀远　　　邹林林　　范　昱
　　　　姜翠文　　喻雨知　　　周　威　　章竹青

前　言

　　长沙县位于湘中丘陵盆地的湘江下游东岸,地处北纬 27°51′—28°40′,东经 112°56′—113°30′。其毗邻湖南省会长沙市,从东、南、北三面环绕长沙市区,处于长、株、谭"两型社会"(资源节约型和环境友好型社会)综合配套改革试验区的核心地带。2014 年全县总面积 1997 km²,辖 18 个镇,5 个街道,228 个村,41 个居委会;总人口 83.22 万,其中农业人口 61 万,耕地面积 85.67 万亩*。全县 GDP(国内生产总值)1100.6 亿元,在 2012 年度"中国中小城市综合实力县"排名中列第 13 位,获得"中国最具投资潜力的中小城市",最具"区域带动能力的中小城市"等称号;为"全国改革开放十八个典型地区"之一。2010 年获得"国家首批 51 个现代农业示范区"称号;同时也是首批"全国千亿斤粮食生产大县""全国商品粮基地县"。全县粮食播种面积稳定在 135 万亩,是全国 50 个"双季稻高产创建整县整建制试点县"之一。2005 年被评为"全国三绿工程茶叶示范县"和"全国重点产茶县",是首批"国家标准茶园县"。2008 年被列入"全国蔬菜重点区域发展规划县"。

　　长沙县地处东部亚热带季风湿润气候区域,气候温暖、湿润,光照充足,降水丰沛,土壤肥沃,为水稻、茶叶、蔬菜优质高产提供了良好的自然气候生态条件,但由于地势近似背东朝西的"撮箕形",溪谷平原多呈条状形态分布,冬半年有利于北方冷空气沿山谷平原长驱直入,形成冷冬天气;夏半年,南方暖湿气流越过南岭山脉下沉增温,常产生焚风效应,形成盛夏高温炎热似火炉的酷暑天气;春夏之交北方冷空气南下至南岭山脉滞留,与海洋北上的暖湿气流交绥,常形成南岭静止锋,造成春季长期低温寡照的"倒春寒"天气,导致早稻烂秧死苗,和移栽后僵苗不发,五月低温阴雨影响早稻幼穗分化,造成空壳秕粒,致使早稻减产歉收;秋初,夏季风向冬季风过渡时期,北方强冷空气南下,常形成秋季低温寒露风,影响双季晚稻抽穗扬花,导致空壳不实,而严重减产歉收,甚至绝收;春夏之交,由于季风环流和地形地貌的综合影响,常形成强对流天气,多地方性暴雨、洪涝、大风、冰雹及雷击天气;深冬,在北方强大冷空气袭击下偶尔出现降雪、积雪、冰冻等寒冷天气。同时,由于季风性显著与大陆度高、降水量的季节分布不均匀,常形成前涝后旱,严重的暴雨、洪涝、干旱、高温热浪、冰雹、雷击,低温冷害,冰冻等灾害性天气,给工农业生产和人民生命财产造成巨大损失,是影响长沙县工农业生产和社会经济发展的重要制约因素之一。

　　为此,在上级气象部门和长沙县委、县政府领导的重视和大力支持下,长沙县气象局经过 5 年的努力,对 1951 年以来的气象观测资料进行整理,并深入各部门搜集低温、冷害、高温热浪、洪涝大风、冰雹、雷击、干旱与冰冻等气象灾害与双季稻、蔬菜、茶叶、葡萄等特色农业生产生长发育试验研究资料,并用气象资料进行计算,运用农业气象平行观测资料进行相关分析,找出其生长发育与气象条件的关系,得出其农业气象指标,做出长沙县

---

　　*　1 亩≈666.67 m²。

农业气象灾害风险区划、双季稻种植适宜性气候区划。从气象科学角度出发,助力长沙县现代农业和社会经济的可持续发展,为充分利用长沙县的气候资源、防灾减灾、趋利避害,扬长避短,因地制宜发展长沙县现代特色农业提供农业气象科学依据。

本书分两篇九章,上篇为长沙县气候资源与农业气象灾害,分五章:第一章 长沙县自然地理环境与气候特点;第二章 影响长沙县气候的主要因素;第三章 主要气候要素特征;第四章 主要农业气象灾害及防御措施;第五章 长沙县农业气象灾害气候风险区划;下篇为气象与特色农业,分四章:第六章 气象与水稻;第七章 气象与蔬菜;第八章 气象与茶叶;第九章 气象与葡萄。

附录 A 长沙县气候之最;附录 B 长沙县常用气象术语简介;附录 C 气象法规。

本书由郭卫星策划,李仁鹏主编,陈朝晖、郭东鑫、吴重池、陈泓如、邱庆栋、周陈栋仁、黄正才为副主编;陆魁东、陈耆验、匡方毅、杨文略、向懿、常炬、徐缘缘、王健龙、邓大海、刘怀远、邹林林、范昱、姜翠文、喻雨知、周威、章竹青为编委。长沙县气象局全局同志给予了大力支持。本书的出版是在湖南省气象局、长沙市气象局和长沙县委、县政府领导的大力支持下完成的,长沙县农业局、林业局、水利局、档案局、县志办、统计局、财政局、国土资源局、民政局等领导和专家给予了大力支持。在此对所有关心支持本书编写出版的领导与专家、同仁表示衷心的感谢!

本书编写中引用了许多他人的相关研究成果,所列参考文献可能有所疏漏,敬请相关作者谅解,并深表歉意。由于本书内容较多,涉及面广,编著人员专业水平有限,加之时间紧迫,错误之处在所难免,祈请批评斧正。

编著者
2015 年 4 月初稿
2022 年 4 月终稿

目　　录

下篇　气象与特色农业

上篇 长沙县气候资源与农业气象灾害

第一章 长沙县自然地理环境与气候特点

第一节 自然地理环境

一、地形、地貌

长沙县位于长衡丘陵盆地的北部,地处幕阜山、连云山与大龙山余脉的南端,株洲隆起带的北缘,北部、东部、南部地势高,中部、西部地势低且平,整个地势近似背东朝西的"撮箕形"。境内的明月山为最高峰,海拔高度为658.6 m,最低海拔高度为28.0 m。地貌类型有五种:①山地占全县总面积的8.4%,其中,0.71%为变质岩,多分布在东北、东南及西北边界,呈脉状与邻县山地连绵相接,一般海拔高度为300~600 m,比高为200~580 m,坡度为30°~50°,沟谷狭窄,呈"V"字形,多数山地基岩裸露,土层薄,耕地少,农田分散。其中,海拔高度为500 m以上的中低山只占山地面积的10%,90%为海拔高度为300~500 m的低山。②丘陵占全县总面积的12.2%,其中,79%为变质岩,集中分布在东部和南部,其他地区亦有零星小块分布,一般海拔高度为120~300 m,比高为60~200 m,坡度为20°~30°。其中,80%的面积,比高小于150 m,坡度在25°以下,属于低丘陵,宜发展经济林。③岗地占全县总面积的51.3%,分布广,其中,花岗岩占38%,分布在西北部的北山、安沙、福临、金井等地;红岩岗地占37%,主要分布在中部、南部。岗地中,70%的面积为海拔高度40~80 m,比高为10~30 m、坡度为5°~15°的低岗地,易于开垦利用,是经济作物和经济林的主要生产基地。④平原占全县总面积23.4%,多为河流、溪谷冲积而成,其中,江河平原占33.3%、溪谷平原占64.1%、溶蚀平原占2.6%。地势低平开阔,海拔高度一般在50 m以下,坡度小于5°,2000 m范围内比高小于10 m,土层深厚、土质肥沃、水热条件好,是粮油主产区。⑤水面占全县总面积的4.7%,分布在上述地貌类型之内,在平原、岗地类型中较多。湘江流经西南部,流长10.5 km。浏阳河、捞刀河横贯中部,向西汇入湘江。捞刀河的支流水系发达,二三级支流有23条,总长385.2 km,流程较长,河床宽浅。浏阳河的支流水系不甚发达,一三级支流有12条,总长199.5 km,流程较短,河床较深。

二、土壤

长沙县地质构造、岩性组合情况不尽一致,中部、北部简单、南部复杂。按照湖南省第二次土壤普查技术规程分类,全县成土母质有花岗岩风化物、板页岩风化物、紫色砂页岩风化物、紫色沙砾岩风化物,砂岩(包括砂页岩、沙砾岩、变质砂岩和变质砾岩)风化物,以及第四纪红色黏土和河流沉积物七种,其中以板页岩和花岗岩风化物的面积最多,占全县各类成土母质总面积的44%。上述不同的成土母质以及气候、植被、地形和人为耕作等因素,形成了长沙县多种多样的土壤类型,可划分为红壤、紫色土、潮土和水稻土四大土类、10个亚类、39个土属、71个土种。

三、水资源

长沙县水资源的主要来源是降水和过境客水。本地多年平均地表水资源量为15.06亿 m^3,另外,湘江、浏阳河、捞刀河三条水系通过长沙县的过境水多年平均总量约为725亿 m^3。长沙县地下水资源相对贫乏,主要提供农村生活饮用水,较少用于农业灌溉。

根据湖南省水利水电勘测设计研究总院估算成果,保证率为75%时,长沙县当地地表水资源可利用量约为8.64亿 m^3,占本地水资源总量的74.6%。

全县已建有大小水库168座,千亩①以上堤垸24个,机电排灌设备2268部、3221台、装机容量41560 kW·h。在示范区内已建成水库102座,溪坝3499座,山塘25781口,电力排灌装机容量15913 kW·h,为发展农业奠定了较好的基础。

四、森林资源

长沙县林业用地面积占土地总面积的45.5%,林木蓄积量为297.7万 m^3,森林覆盖率为43.53%,林木绿化率为47.07%。1991年消灭宜林荒山,1995年实现全面绿化达标,1998年晋升为"全国造林绿化百佳县"。

长沙县树种资源比较丰富,常见的用材林树种有松、杉、檫、枫、杨、柳、樟、梧桐、泡桐、苦楝、刺槐、酸枣和楠竹等;经济林树种有油茶、油桐、蜡树、板栗、乌桕、山苍子、棕榈等。

五、生物资源

长沙县生物资源丰富,优良乡土品种较多,但保护利用不够,优势未能充分发挥。

(1)粮油作物品种资源

粮食作物包括水稻、红薯、大麦、小麦、大豆、蚕豆、高粱、玉米、荞麦等。但以水稻为主,品种繁多,先后试种推广的水稻品种有数百个之多。油料作物有油菜、芝麻、花生等,以油菜为主。

(2)经济作物品种资源

主要有茶叶、柑橘、蚕桑、李、梅、桃、梨、柿、枇杷、苎麻、湘莲及中药材等,其中,"春华李""北山梅"素负盛名。茶叶栽培已有1300多年历史。当年生经济作物,普遍种植的有西瓜、南瓜、生姜、凉薯、雪薯、辣椒、百合、烟草和蔬菜等数十种。

(3)畜禽品种资源

畜禽种类有猪、牛、羊、兔、鸡、鸭、鹅等,"罗戴猪"和"大围子猪"是知名度很高的地方良种猪。

---

① 1亩=1/15 hm^2,下同。

（4）水产品种资源

主要经济鱼类有青鱼、草鱼、鲤鱼、鲫鱼、鲢鱼、鳙鱼、长春鳊鱼等；小水产常见的有龟、鳖、泥鳅、鳝鱼、虾、蚌、田螺、泥蛙等。但随着水环境的变化，天然水产品资源日渐衰退。

第二节　长沙县社会经济发展状况

一、长沙县概况

长沙县毗邻湖南省会长沙市，从东、南、北三面环绕长沙市区，处于长株潭"两型社会"综合配套改革试验区的核心地带，是党中央确定的"全国18个改革开放典型地区"之一，也是长沙市2020年310 km²城市总体规划"一主两次"（主城区、长沙县、望城县）中的两个城市次中心之一以及长沙市商业体系规划"一主两副"（主城区、河西片区、星马片区）中的两个商业副中心之一。全县总面积1997 km²，辖18个镇，5个街道，228个村，41个居委会，常住人口为97.9万人。

长沙县交通便利。长永高速公路、机场高速公路、绕城高速公路、株黄高速公路、103省道线横穿县境，107国道、京港澳高速公路、207省道和武广铁路纵贯南北，国际航空港长沙黄花国际机场坐落于境内，县城距长沙市黄花国际机场、长沙市火车站、湘汀码头均约8 km。县域内形成以"九纵十二横"为骨干的道路交通网络，公路通车总里程达超4000 km。2020年前实施的长沙地铁2A线将连接星沙—马坡岭城市东次中心和武广新长沙站。

全县始终坚持"南工北农"的发展布局，坚持"兴工强县"的发展理念，坚持"产城融合"的发展方向，以新型工业化带动新型城镇化和农业现代化，县域南北功能分区基本形成，建立了22个乡镇（街道），"3568"的分类发展模式。

始终以提升自主创新能力和经济发展竞争力为重点，加快推进产业转型升级，全力打造"中国工程机械之都"和"湖南汽车产业基地"。突出服务新型工业化和新型城镇化，着力提升现代服务业是长沙县"十二五"期间发展的重点。在2011年5月26日的首届现代服务业大会上，长沙县推出了"十大招商平台"和《关于加快现代服务业发展的若干优惠政策》，现场签约了19个项目，签约总金额达400亿元，进一步促进了现代服务业的发展。提高农业综合生产能力，加快发展现代农业是长沙县农业发展的总体方向。2014年，完成农林牧渔业总产值111.9亿元，"国家现代农业示范区"正式获批，37个现代农庄立项建设，全县农产品加工规模企业达到55家；以引进战略投资者、延伸产业链条、调优产业结构为重点，全力推进招商引资向投资商选资转变。截至2014年6月底，全县引进世界经济排名500强企业26家，近五年全县累计利用外资11亿美元，实现外贸进出口总额70亿美元。

2014年，全县实现生产总值（GDP）1100.6亿元，比上年增长11.0%，GDP连续5年年均增长17.8%；完成工业总值2128.4亿元，增长31.6%；完成财政总收入207.2亿元，增长38.7%；社会消费品零售总额实现290.1亿元，增长28.6%；城乡居民人均可支配收入分别达到33513元和22872元，分别增长13.6%、19.7%。长沙县在2012年度中国中小城市科学发展百强排名中位列第13位，居中西部第一；在2011年的全国县域经济基本竞争力排名中，长沙县在中国百强县的排名从2010年第25位提升到第18位，居中部第一。连续两次荣获"中国最具幸福感城市（县级）"称号，两次摘取"中国人居环境范例奖"，被誉为"国家园林县城""全国文明县城"等称号。

二、农业发展状况

长沙县既是工业强县,也是农业大县。全县总面积为 1997 km²,总人口为 83.22 万,其中,农业人口为 61 万,耕地面积 85.67 万亩。2014 年,全县 GDP 为 1100.6 亿元,实现财政总收入 207.2 亿元,工业总产值 2128.3 亿元,农、林、牧、渔业总产值 111.9 亿元,城乡居民人均可支配收入分别达 33513 元和 22872 元。在 2012 年度中国中小城市综合实力百强县排名中列第 13 位,居中西部第一。同时,长沙县还获得中国十佳"两型"中小城市、中国最具投资潜力中小城市、最具区域带动力中小城市等称号,是"全国改革开放十八个典型地区"之一。

近年来,长沙县以科学发展观为总揽,根据"一县两区、南工北农"的战略布局,按照以工补农、以城带乡、城乡统筹、普惠民生的发展思路,大力推进"六个集中"(资本集中下乡、土地集中流转、产业集中发展、农民集中居住、生态集中保护、公共集中推进),农村经济社会和谐健康发展。特别是在加快现代农业发展方面,长沙县在全国率先提出打造整建制现代农业示范区,创造性实施现代农庄建设,出台土地流转优惠政策,强力推进农业标准化生产,精心构建品牌农业,现代农业规模化、集约化、产业化格局逐步形成。

"十二五"时期,长沙县紧紧围绕"三个共同"理念(幸福与经济共同增长,乡村与城市共同繁荣,生态宜居与发展建设共同推进),坚持工业化、城镇化、农业现代化同步推进,大力发展现代农业,以产业为平台,加强农业与加工、农业与旅游、农业与城乡发展的有机融合,协调农业的全面发展。在良好发展基础和新形势下,迎来新的发展机遇,在创建长沙县现代农业推广示范区方面取得了显著成效。

一是荣获两块"金牌"。一个是国家现代农业示范区。2010 年 8 月 5 日,长沙县被原农业部批准为全国首批 51 个现代农业示范区之一,这标志长沙县现代农业发展进入一个新的发展期,迎来更好的发展机遇。另一个是国家生态县。长沙县已经通过湖南省考核验收,获得生态环境部批准。

二是品牌优势突出。在长沙县现代农业发展中,农产品品牌效应越来越明显,农业龙头企业在产业发展中的拉动作用越来越强,成了推进现代农业发展的助推器。长沙县是首批全国千亿斤①粮食生产大县、商品粮基地县,粮食播种面积稳定在 135 万亩,2003 年、2004 年连续两年被评为全国粮食生产先进县,是全国 50 个双季稻高产创建整县整建制推进试点县之一。"百里茶廊"已被列为湖南省五大(粮棉油麻、肉奶水产、果蔬茶、竹木林纸、烟草)、长沙市四大(百里优势水稻走廊、百里花卉苗木走廊、百里水产走廊、百里优质茶叶走廊)优势产业带之一。2005 年,长沙县被原农业部确定为长江上中游出口绿茶和特色茶优势区域县,并被评为"全国三绿工程茶业示范县"和"全国重点产茶县",是首批国家标准茶园示范县。长沙县是长沙市最邻近、最重要的蔬菜生产基地。2008 年,长沙县被原农业部列入《全国蔬菜重点区域发展规划(2009—2015 年)》发展区域范畴,是长株潭城市菜篮子工程的核心基地,县内的黄兴光达蔬菜基地、隆平高科金井基地是国家标准菜园创建单位,春华宇田蔬菜基地是湖南省唯一一个申报原农业部连片标准园创建单位。目前,长沙县有一定规模的农产品加工企业 251 家;市级农业龙头企业 67 家,省级农业龙头企业 15 家,湖南亚林食品公司为国家级农业产业化重点龙头企业,有"金井""湘丰""亚林"等商标荣获中国驰名商标;"好韵味"食用醋荣获中国名牌;金山粮油等 12 个企业的产品获湖南省名牌产品称号。全县已组织完成优质

---

① 1 斤＝0.5 kg,下同。

稻、蔬菜、茶叶以及时鲜瓜果共计 66.2 万亩的无公害农产品产地整体认定,获得农村农业部"三品"认证的产品达到 143 个,其中,无公害农产品 98 个,绿色食品 35 个,有机食品 10 个,有效提升了长沙县农产品品牌影响和市场竞争力。

三是以现代农业技术创新基地为核心,精心打造现代农业示范带。目前,以高桥镇湖南现代农业技术创新基地为核心,从 207 省道与开元路交汇处到金井镇全长约 40 km 的 207 国道现代农业示范带已初步形成,跨越春华、路口、高桥、金井 4 镇,公路沿线有 21 个村,共布局 16 个基地。沿线产业特色鲜明,基础设施完善、生产规模形成。示范带以高桥优农科院技术创新基地为核心,沿线有春华镇的双季稻高产创建万亩示范片、三一集团后勤基地、宇田蔬菜基地、长春茶厂、省杂交水稻综合试验基地、长沙种子仓储物流园、精品花卉基地、县水稻新品种展示基地;路口镇有龙华山、楚丰、大山冲蔬菜基地;高桥镇有国进食用菌基地;金井镇有沃园生态红薯基地、金井和湘丰茶叶基地、隆平高科和鹏宇蔬菜基地等,高桥镇的农产品加工园正在做规划。目前发展状况:①高桥湖南现代农业技术创新基地。该基地是一个以种植业科研为主,以良种培育为重点,科技创新与示范推广相结合的综合性农业科研试验基地,将建成原生态的现代农业休闲园和国内一流的科研创新基地。基地建设分两期完成。第一期重点建设 3000 亩核心试验区,第二期规划建设 5000~10000 亩。基地分为八个区:粮油作物区、园艺作物区、设施农业区、循环农业区、航天生物育种区、野生资源保护区、国际交流培训区、现代农业休闲拓展区。基地功能定位为现代农业科技创新与示范、种质资源保存与创新利用、学术交流培训与科普教育、现代农业休闲与科普教育。已建成四大资源圃:400 亩茶叶种质资源圃(1000 多个品种),180 亩柑橘资源圃(1000 多个品种),200 亩园林花卉资源圃(19 类 500 个品种),100 亩药用植物资源圃(30 类500 个品种)。已完成 3000 m² 科研办公楼、员工宿舍楼的修缮;已建成 10000 m² 的标准化育苗温室。②春华双季稻万亩高产创建示范片。在春华镇春华山村建设 10000 亩双季稻粮食高产创建示范片,按照"优质、高产、高效、生态、安全"要求,"稳定面积、主攻单产、优化结构、增加效益、提升能力"的思路,实现"良种、良法、良田、良制"配套推广。在核心基地专人驻点,严格推行"六统一",即:统一供应双季稻高产优质良种,统一应用双季稻丰产高效技术,统一实施双季稻测土配方施肥,统一推广双季稻病虫专业化防治,统一进行双季稻科技创新培训,统一进行机械收割订单收购,统一进行标准化生产。③宇田蔬菜基地。是由长沙县宇田蔬菜专业合作社承建并自主经营管理的叶类菜标准化生产基地。合作社成立于 2007 年,是以蔬菜生产、加工、销售为一体,民办、民管、民受益的互助性经济组织。2011 年,完成主营业务收入 1379万元,毛利润 168 万元,带动农户增收 240 万元。基地规模 5200 亩,分三期完成,建设期限为 5年,即 2009—2013 年。2009 年完成了基地第一期 1200 亩的土地整理、水利建设和道路建设等基础设施建设工作。已实现 1200 亩叶类菜标准化生产,主栽品种为芥蓝、菜心等,产品主销香港市场和长沙市场。2010 年,在春华镇金鼎山村继续流转土地 2400 亩,从事蔬菜设施栽培基地建设;2011 年,在春华镇武塘村再次新增流转耕地 1600 亩从事有机蔬菜基地建设,已完成其中约 3000 亩耕地的土地平整和水利建设;2012 年,新建温控大棚 2000 m²。④金鼎山村国家杂交水稻综合试验基地。由湖南杂交水稻研究中心投资建设,选址于春华镇金鼎山村。该项目总投资超过 3 亿元,占地 450 亩,于 2014 年建成。项目以田间试验为主,建设田间试验区,同时配备与之相适应的实验室,创建以培育超级杂交水稻为主要目标的杂交水稻综合试验基地。基地分为科研实验区、科研配套设施区、科研试验示范区、转基因隔离区及综合服务区五大功能区。其中,科研试验区建设科研实验管理综合楼,内含生物技术育种、品质育种、分析检测和生理生态研究等实验室;科研配套设施区设有种子仓储用房、挂藏室、晒坪和农机、农用工具室等配套设施;科研试验示范区、转基因隔离区及综合服务区都修建道路、围沟、灌溉系统及供水、供电等公用配套设施。⑤高桥国进食用菌基地。由长沙县国进食用菌专业合作筹建,工厂化栽培面积 10 万 m²,2011 年公司销售食用菌 6957 t,实现了销售收入 9980 万元。2007年 12 月,"国进"金针菇和蘑菇在中国(长沙)国际食用菌产业博览会上分别荣获金奖和优质产品奖,"国进"牌金针菇、香菇、蘑菇通过了原农业部无公害农产品认证。2008 年至 2009 年分别被省、市、县、镇评为"省级示范合作社""长沙市先进农民专业合作社""长沙县现代农业标准化示范基地"和"先进集体"等荣誉称号。⑥湖南隆平高科金井蔬菜标准化基地。基地面积2800 亩,2009 年 12 月经原农业部认定,定为国家级标准化示范基地。已完成第一期 1000 亩示范基地的农田基本建设,分别建设了 500 亩自动喷灌系统、300 亩自动滴灌系统和 200 亩自动漫灌系统的节水农业示范基地,60 亩高标准温室大棚,是一个集绿色、科技、智能管理的现代化农场。已通过国家绿色食品认证的产品有 5 个,通过无公害食品认证的产品有 33 个。金井绿色蔬菜基地已成为"长沙市十大标准化蔬菜基地""湖南出境蔬菜供应基地""十大湘菜原材料供应基地"等。⑦长沙沃园精品香薯种植基地。长沙沃园生态农业科技有限公司成立于2007 年 3 月,是长沙市农业产业化龙头企业,依托中国科学院亚热带农业生态研究所、浙江大学、湖南省农业科学院等科研院所的农业科研成果和高新技术,建立精品香薯种植基地。精品香薯种植基地位于湖南省长沙县金井镇,2011 年种植面积为 1200 亩。"沃园"香薯荣获中国湖南省第十届国际农业博览会金奖。"沃园"香薯很受消费者欢迎,主要销往北京、上海、杭州、广州、深圳、武汉、兰州等地,供不应求。基地被确定为"中国科学院亚热带农业生态研究所国家'十二五'科技攻关项目重点试验基地""湖南省农业科学院国家甘薯产业技术体系长沙综合实验站"和"浙江大学中部崛起生态农业科技示范基地",以基地为核心,实施科技成果产业化。2015 年,发展种植面积 2 万亩,按照有机农产品的标准种植。⑧湖南金井茶叶基地。湖南金井茶叶有限公司是集茶叶种植、加工和销售于一体的民营企业,位于长沙县金井镇,创建于1958 年。已发展为省级农业产业化重点龙头企业、湖南省小巨人企业、中国茶叶行业百强企业、农村农业部茶叶标准园。现有资产总额 9814 万元,厂房面积 2.61 万 m²,茶园面积 7 万亩,带动茶农 5 万人;有良种茶无性繁殖基地 150 亩,拥有红茶、绿茶、名优茶加工设备共 420台(套),下辖 6 个加工厂、4 个分场、12 个工区,年加工能力为 7000t。2011 年,实现销售收入2.4 亿元。生产的"金井"牌金茶毛尖、绿茶、红碎茶系列产品,销往国外十多个国家。

第三节　主要气候特点

长沙县位于湘中丘陵盆地的湘江下游东岸,地势东、北、南三面偏高,中西部略低,由东北逐渐向西南倾斜,乌川、龙王、龙头尖大山绵亘向东北伸延,飘峰山、影珠山、黑麋峰屏障西北,明月山海拔高度为 659.0 m,为群山之冠。凤凰岭、沙仙岭扼守南关,高岭乡一带海拔高度最低为 26.7 m,捞刀河、浏阳河,自东向西经过县境流入湘江。

长沙县地处 27°51′—28°40′N,112°56′—113°30′E,总面积为 1997 km²,位于东部中亚热带季风湿润气候区域,其气候可概括为以下四个主要特征。

一、季风性强,大陆度高

长沙县地处典型的季风气候区,冬半年受大陆气团影响,盛吹偏北风,盛夏受海洋气团影响,盛吹偏南风。各月最多风向见表 1.1。

表 1.1　长沙县各月最多风向表

月份	最多风向	出现频率/%	月份	最多风向	出现频率/%
1	NW	31	7	S	
				C	
2	NW	30	8	NW	14
3	NW	27	9	NW	30
4	NW	20	10	NW	30
5	NW	22	11	NW	31
6	C	19	12	NW	32
	NW	13			
全年	NW	24			

大陆度是表征海洋因素在气候形成过程中所起作用的程度,可综合反映某地的气候状况,经验公式为:

$$K = \frac{1.7A}{\sin\Phi} - 20.1$$

式中,K 为大陆度,A 为平均气温年较差,Φ 为纬度,计算长沙县的大陆度为 66.7。气候学上一般以 50 为界限来划分大陆性气候区与海洋性气候区,即大陆度在 50 以上者为大陆性气候区。长沙县气候大陆性特征比较明显,不仅高于台湾、福建、云南、贵州、广东、广西、西藏、四川等省(区),甚至高于大陆性气候特征显著的渭河盆地,仅次于东北、西北少数大陆度偏高的地区(表 1.2)。

表 1.2　中国 19 个城市大陆度表

地名	长沙	台北	福州	广州	南宁	昆明	贵阳	拉萨	西宁	西安
大陆度	66.7	35.9	51.2	45.4	47.5	29.0	52.7	40.0	54.1	52.3

地名	成都	北京	南京	杭州	汉口	南昌	呼和浩特	乌鲁木齐	哈尔滨	
大陆度	46.6	62.5	64.0	64.5	66.0	66.8	71.2	79.9	80.4	

二、冬有严寒,夏多酷热

冬季,长沙县受变性的大陆气团控制,源出于北欧和西伯利亚一带的冷气团南下过程中变性,温度增高,水汽增多,失去其固有的干冷特性,造成严寒天气不多,若以日平均气温≤0 ℃作为严寒期指标,历年平均为 17.6 d。其中,1951—1980 年平均为 19.9 d,1981—2010 年平均为 15.2 d,最多的时段为 1976 年为 11 月 18 日—1977 年 2 月 18 日,此期间严寒天气达 42 d;再从极端最低气温来看,≤−5 ℃的日数平均为 1.0 d,但个别年份也有寒冷异常。如 1972 年 2 月 9 日最低气温为−11.3 ℃,1991 年 12 月 29 日最低气温为−10.3 ℃,年降雪日数在 11.9 d,如 1955—1956 年、1956—1957 年、1968—1969 年等冬季降雪日数均达 15 d 或以上,1976—1977 年、1983 年、1984 年、1987 年、1995 年、2007 年降雪日数达 20 d 以上。

夏季,长沙县受西太平洋副热带高压稳定控制,气温高,相对湿度小,常形成酷热天气,俗称"火炉"。若以日最高气温≥30 ℃为酷热期标准,历年平均天数为 96.5 d,1951—1980 年平均为 94.2 d,1981—2010 年平均为 98.7 d。最多的 1963 年达 120 d,最少的 1973 年仅 13 d。

以极端最高气温≥35 ℃的日数来看,平均每年有30.1 d,1951—1980年平均为29.9 d,1981—2010年平均为30.3 d。最多的52 d,最少的9 d。1953年8月13日和2003年8月2日分别出现过40.6 ℃的极端最高气温(表1.3)。

表1.3 长沙县不同时期严寒酷热期对比

冬季严寒期			夏季酷热期			资料年代
	平均/d	最多/d		平均/d	最多/d	
日最低气温≤0 ℃的天数	15.2	26	日最高气温≥30 ℃的天数	98.7	115	1981—2010年
	19.9	42		94.2	120	1951—1980年
日最低气温≤-5 ℃的天数	0.7	3	日最高气温≥35 ℃的天数	30.3	48	1981—2010年
	1.3	6		29.9	52	1951—1980年

三、春寒频繁,秋多晴暖

春季和秋季,是冬季风和夏季风互相转换的过渡季节,由于气流活动状况不同,表现在气候上有明显的差异。

春季,是冬季风向夏季风过渡的时期,由于北方冷空气活动频繁,冷暖空气交替控制长沙县,气温升降异常激烈。有时,受南方暖湿气团控制,天气骤晴,气温陡升,气温高,而一旦北方冷空气侵入,天气阴雨,气温明显下降,甚至达到寒潮的程度。一般3月和4月各有3次冷空气侵入,5月有3次冷空气入侵,3月以中等和强冷空气为主,4月以中等和弱冷空气为主,5月以弱冷空气为主,由于冷空气活动频繁,阴雨低温寡照天气较多,晴天较少,俗语云"春无三日晴",较形象地描述了这一时期的天气特征。

秋季,是夏季风向冬季风转换的过渡季节,西太平洋副热带高压减弱南移,极地大陆高压南下变性后,往往分裂为静止的小高压,停留在长沙,使长沙县多晴朗天气(见表1.4)。

表1.4 长沙县春秋季气温和日照时数对比

季节	月平均气温累计/ ℃	日照时数累计/h	日照百分率/%
春季(3—5月)	51.0	323.1	28
秋季(9—11月)	55.1	400.1	41

由表1.4可见,秋季9—11月的3个月平均气温累计比春季3—5月三个月高4.1 ℃,日照时数多77 h,日照百分率高13%。由此可看出,虽然春、秋季皆属季节性转换时段,但由于大气环流不同,气候上存在着明显的差异。春季寒流频繁,多阴雨低温寡照天气,秋季多晴朗天气,日照较多,气温较高。

四、春末多雨,夏秋多旱

春末夏初,西太平洋副热带高压北上抵达华南,北方冷空气南下受阻于长江以南、南岭以北,常形成南岭静止锋,致使极锋雨带滞留在长沙县,并配合南支西风气流活动,长沙县常出现持续阴雨或大到暴雨天气,进入雨季。

盛夏和初秋,随着西太平洋副热带高压北挺西伸,致使极锋雨带北移,长沙县受西太平洋副热带高压稳定控制,降水量少,蒸发量大,此时,正值高温炎热时期,地面蒸发和作物蒸腾都很大,经常发生不同程度的干旱,称为旱季。

雨季的主要时段在 4—6 月,其特点是降水多,平均降水量为 614.4 mm,占年总降水量的 41.7%左右,雨季的降水强度也大,每年的暴雨有 63%以上出现在这一时段。

7—9 月是长沙县的主要干旱时段,降水量较少,总降水量为 323.5 mm,占年总降水量的 22.0%左右。

五、四季分明,生长季长

四季划分的标准很多,我国古代以立春、立夏、立秋、立冬作为四季的开始,天文学上以春分、夏至、秋分、冬至作为四季的开始;气象学上常以阳历 3—5 月、6—8 月、9—11 月、12 月—次年 2 月作为春、夏、秋、冬四季的时段;而气候学上的季节必须根据实际的气候状况来划分,它要求每一季有其独特的气候特点,且各个季节的分界,是气候转变的标志。这里以日平均气温稳定通过 10 ℃(22 ℃)日期为标准来划分四季。

秋季:日平均气温稳定通过 22 ℃终日至稳定通过 10 ℃终日。

冬季:日平均气温稳定通过 10 ℃终日至初日,即≥10 ℃终日至≥10 ℃初日。

夏季:日平均气温稳定通过 22 ℃初日至终日,即≥22 ℃初日至终日。

春季:日平均气温稳定通过 10 ℃初日至稳定通过 22 ℃初日。

长沙县四季起始日、终日期见表 1.5。

表 1.5　长沙县四季起始日、终日

季节	起始日/(月.日)	终日/(月.日)	持续天数/d
春季	3.23	5.30	69
夏季	5.31	9.13	106
秋季	9.14	11.21	69
冬季	11.22	3.22	121

根据以上标准,长沙县在 3 月下旬初进入春季,霜雪终止,早稻开始播种。5 月底初夏开始,喜温作物旺盛生长。9 月中旬进入秋季,晚稻抽穗扬花,北方较强冷空气南下,常见寒露风。11 月下旬进入冬季,可见初霜,少数年可见初雪。

以无霜期作为农作物的生长期,长沙县平均初霜出现在 11 月 27 日,终霜期出现在 2 月 28 日,无霜期为 271 d,无霜期长是农作物生长高产的有利条件。

第二章 影响长沙县气候的主要因素

一个地方的气候主要在太阳辐射、地理环境和大气环流相互作用下而形成。太阳辐射作为地面和大气中热能的源泉，是气候形成的最基本因素之一。地理条件包括经纬度、地形地貌、海陆分布及方位、坡度等直接影响着太阳辐射平衡和大气环流，造成了气候的复杂性。大气环流因子包括大气环流和天气系统，起着热量和水分的交换作用，使气候发生多样变化。三因素的综合作用结果就形成一个地方的气候状况，长沙县的气候，也就是在这些特定条件因素下形成的。

第一节 太阳辐射

大气中所发生的一切物理过程所需要的能量，主要来源于太阳辐射，因而太阳辐射是形成气候的基本因素，是气候变化的原动力。形形色色的近地面气候，主要是由于热量变化而引起的，而控制气候变化的热力因素主要来自太阳辐射，它结合地理环境、大气环流直接支配着大气温度场和压力场，从而影响大气环流系统。

长沙县地面接收的太阳辐射每年约为 4598.0 MJ/m²，比我国北部地区和两广（广州市 4848.8 MJ/m²）都少，比川、黔一带稍多（成都市 3803.8 MJ/m²，贵阳市 3469.4 MJ/m²），与江浙接近（杭州市 4389.0 MJ/m²）。

在季节变化上，太阳辐射在春末到秋初的 5—9 月较多，每月都在 418.0 MJ/m² 以上，其中 7 月份达 627.0 MJ/m² 以上，其次是春季的 3—4 月和秋季的 10—11 月，每月达 250.8～376.2 MJ/m²，而冬季 12 月—次年 2 月份为最少，每月仅 229.9 MJ/m²。

第二节 地理环境

不同的地理环境造就了复杂的气候类型，长沙县位于我国东南部，居长江之南、南岭之北，处在长沙—浏阳盆地中，气温比同纬度地区偏低，气温年较差大。

长沙县 1 月平均气温比江西省南昌市低 0.3 ℃，比浙江省温州市低 2.5 ℃，长沙县冬季气温偏低的主要原因是湖南省东、南、西三面环山，北部低平，中部为湘江流域盆地和丘陵岗地，有利于冷空气的入侵和深入，形成低温阴雨天气，长沙县与温州市的温差，大于与南昌市的温差，这说明海洋对大陆的增暖作用（特别是冬季）愈往内陆影响愈小。表明长沙县受海洋气候的影响比江西省、浙江省、福建省等地为小。从年平均气温来看，长沙县比南昌市高 0.1 ℃，比温州市低 0.3 ℃。夏季由于地形的影响，长沙县气温比同纬度的地区一般要偏高，因此，气温年较差大，长沙县气温年较差比南昌市小 0.1 ℃，比温州市大 4.2 ℃（见表 2.1）。

表 2.1　长沙县与同纬度城市气温对比(单位：℃)

月份	1	4	7	10	全年	年较差
长沙县	5.0	17.6	29.4	18.8	17.6	24.7
南昌市	5.3	17.0	29.7	18.9	17.5	24.8
温州市	7.5	16.0	27.9	20.0	17.9	20.5

南岭山脉对长沙县气候的影响有明显的屏障作用,在冬季冷空气南下到南岭北侧,就受阻挡而聚集起来,使长沙冬季气温降得很低;夏季,南方海洋吹来的暖湿气流越过南岭山脉,下沉增温,降水少。同时,夏季西太平洋副热带高压控制长沙县时,上空盛行偏南风,越过南岭山脉,气流下沉增温,多晴朗天气,温度高,湿度小,南风也小,常出现持久的炎热高温酷暑天气,俗称"火炉"。

第三节　大气环流

一个地区气候形成的因素是多样的,大气环流的周期性和非周期性变化,是形成某一地区气候的重要因素之一。大气环流对不同地区的影响方式不同,长沙县位于东亚大陆东南部,冬季盛行偏北风,夏季盛行偏南风,呈现明显的季风环流特点。冬、夏季风的消长过程,基本是半永久性大气活动中心(高气压或低气压经常活动的地区)的变化过程,而大气活动中心的变化过程与天气系统和天气现象的发生、发展有着因果关系。

自 12 月初到次年 3 月初是长沙的冬季,为冬季风全盛时期。期间,东亚大气活动中心是蒙古高压和阿留申低压,而西太平洋副热带高压和印度低压,在此时基本消声匿迹。在冬季,主要的天气过程是冷空气寒潮活动,寒潮入侵长沙县时常引起气象要素的急剧变化,气温骤降,风向急转,风力增大,常带来雨、雪天气。一般冷空气进入长沙县的路径有三条:一条是西路冷空气,冷高压主力从河西走廊,沿青藏高原东侧南下影响长沙县。这一路冷空气侵入长沙县时,高空低压槽加深的位置偏西,高原东侧上空常出现明显的西北气流,地面冷高压脊先插入四川省,然后迅速控制湖南省,因此,天气很快放晴,阴雨天气较短。另外,中路和东路冷空气南下时,常在南岭或华南形成静止锋,出现较长时间的低温阴雨天气,甚至出现冰冻。隆冬季节,当强大寒潮入侵后,近地面气温降低到 0 ℃以下,而高空出现逆温,形成严重的冰冻天气灾害。

春季和初夏,一般是从 3 月初到 6 月初,是长沙县的春季和初夏季节。入春后,地面逐渐变暖,冬季风逐渐减弱,夏季风开始在华南出现。此时,蒙古高压开始减弱,印度低压和太平洋高压已崭露头角,但冬季风仍占优势,高空南支锋明显活跃,锋区上的小波动多,故 3 月开始长沙县的降水量显著增加。4 月夏季风日渐活跃增强,雨季开始。

从 6 月初以后,长沙县进入夏季,西太平洋副热带高压和印度低压两个活动中心显著增强,到 6 月中旬以后,西太平洋副带热带高压明显北跃,高压脊线自 15°N 移至 22°N,6 月底 7 月初,西太平洋副热带高压有一次明显北跃过程,使长沙地区雨季结束,完全进入相对干旱季节。在西太平洋副带热高压控制下,盛吹偏南风,天气闷热,气温高,蒸发旺盛,为夏季风全盛时期。盛夏期间,当西太平洋副热带高压减弱东退之时,如果冷空气侵入,常发生极不稳定的对流性天气和雷雨大风。

9 月以后,进入秋季,蒙古高压迅速加强东进,阿留申低压重新出现,长沙县受冬季风影响逐渐明显,印度低压的范围明显偏小,西太平洋副热带高压位置变化虽小,但向东南移动,在沿海出现低槽。初秋时节,长沙县上空受西太平洋副热带高压控制,地面受蒙古冷高压影响,下层受偏北气流影响,大气垂直结构非常稳定,湿度很小,常出现"秋高气爽"的金秋季节。亦称"十月小阳春"。

10月中旬以后,印度低压和西太平洋高压已经退出大陆,南支急流又重新出现,冷空气南下后常在南岭形成静止锋,阴雨天气显著增加,10月中旬到11月底,常出现连阴雨天气,形成所谓"秋雨"天气过程,持续半个月以上。当南海高压南退后,南岭静止锋便南移出海,长沙县就逐渐进入冬季了。

第三章　主要气候要素特征

第一节　气　温

空气温度是表示空气冷热程度的物理量,它是大气热量状况的表征,是最主要的气候要素之一。

一、年平均气温及月平均气温

年平均气温。长沙县年平均气温为 17.4 ℃,最高年平均气温为 18.8 ℃,出现在 2007 年,最低年平均气温为 16.3 ℃,出现在 1984 年,年较差为 24.7 ℃。

月平均气温。1 月平均气温为 5.0 ℃,为一年中最冷的月;4 月平均气温为 17.6 ℃;7 月平均气温为 29.4 ℃,为一年中最热的月;10 月平均气温为 18.8 ℃。各月平均气温变化见表 3.1 和图 3.1。

表 3.1　长沙县历年各月平均气温统计(单位:℃)

1 月	2 月	3 月	4 月	5 月	6 月	7 月	8 月	9 月	10 月	11 月	12 月
5.0	7.2	11.2	17.6	22.6	26.0	29.4	28.5	24.3	18.8	12.8	7.2

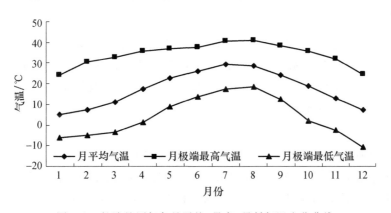

图 3.1　长沙县历年各月平均、最高、最低气温变化曲线

二、最高气温和最低气温

1. 极端最高气温

长沙县极端最高气温为 40.6 ℃,出现在 2003 年 8 月 2 日。年平均最高气温为 21.6 ℃;1 月平均最高气温为 8.3 ℃,4 月为 21.8,7 月为 33.5 ℃,10 月为 23.0 ℃。各月极端最高气温变化见表 3.2 和图 3.1。

表 3.2　长沙县历年各月极端最高统计(单位:℃)

1月	2月	3月	4月	5月	6月	7月	8月	9月	10月	11月	12月	年	出现日期/(年/月/日)
23.6	30.6	32.7	36.1	36.2	37.6	39.7	40.6	38.0	34.6	30.9	24.1	40.6	2003/8/2

2. 极端最低气温

长沙县极端最低气温为-10.8℃,出现在1991年12月29日。年平均最低气温为14.4℃;1月平均最低气温为2.5℃,4月为14.2℃,7月为25.9℃,10月为15.2℃。各月极端最低气温变化见表3.3和图3.1。

表 3.3　长沙县历年各月极端最低气温统计(单位:℃)

1月	2月	3月	4月	5月	6月	7月	8月	9月	10月	11月	12月	年	出现日期/(年/月/日)
-7.6	-9.3	-2.4	2.1	9.6	13.1	19.4	16.7	11.6	2.2	-2.0	-10.8	-10.8	1991/12/29

三、气温的四季变化

1. 冬季气温

冬季长沙县受极地大陆气团控制,天气寒冷,从12月开始,极地高压稳定控制长沙县。气温较低,月平均气温在10.0℃以下,其中12月平均气温为7.3℃。1月是冬季风最强盛的月,气温最低,多年平均气温为5.0℃;1981—2010年的30年间,1月平均气温最低为2.3℃,出现在2008年;最高值为8.4℃,出现在2003年。2月气温逐渐回升,多年平均气温为7.2℃,最低值为3.7℃,出现在2005年;最高值为12.0℃,出现在2007年。1月中、下旬平均气温分别为4.6℃、4.8℃,为全年最寒冷的时期。12月上旬至次年3月上旬平均最高气温为10.0℃。

2. 春季气温

春季是冬季风向夏季风转换的过渡时期,3月气温继续回升,随着太阳高度角的增大,气温升高较快,3月多年平均气温为11.2℃,月平均气温最低值为7.7℃,出现在1985年;最高值为15.2℃,出现在2008年。4月平均气温为17.6℃,5月平均气温上升到22.6℃,月平均气温最低值为19.7℃,出现在1993年。

3. 夏季气温

6月起,西太平洋副热带高压逼近海岸,大陆低压已见发展,大气环流初步建立起夏季形势,这时太阳辐射较强,平均气温上升到25.8℃。7月是夏季风最强盛的时期,也是长沙县气温最高的时期,多年月平均气温为29.4℃,最高值为31.6℃,出现在2003年。8月太阳辐射开始减弱,气温略有降低,月平均气温为28.5℃。7月中旬至8月上旬为全年最炎热的高温时段,两旬平均气温分别为29.5℃和29.6℃。

4. 秋季气温

秋季是夏季风向冬季风转换的过渡季节,9月太阳辐射仍较强,气温仍较高,月平均气温为24.3℃。但从秋分开始受极地大陆气团影响,10月气温下降到20.0℃以下,多年月平均气温为18.8℃,月平均气温最低值为15.6℃,出现在1981年。11月平均气温为12.8℃,月平均气温最低值为10.2℃,出现在2000年。

四、界限温度

界限温度是对农业生产有指示或临界意义的温度。界限温度出现的日期,间隔日数和持续时间中累积温度的多少,对一地作物布局和品种搭配与农事关键季节安排都具有十分重要的意义。

1. 界限温度初终日期与间隔日数

0 ℃是冰冻的界限温度,当地面温度达到 0 ℃就会出现霜冻现象,气温达到 0 ℃以下土壤将冻结,故将日平均气温 0 ℃以上的时期称为适宜农耕期。长沙县日平均气温稳定低于 0 ℃的天数,多年平均为 5 d(多年平均初日为 1 月 16 日,终日为 1 月 21 日)。

5 ℃是越冬作物或果树冬季停止生长和越冬作物(如油菜、冬小麦)春季开始萌发恢复缓慢生长的界限温度。故日平均气温在 5 ℃以上的时期称为作物生长期。长沙县多年日平均气温稳定通过 5 ℃的开始日为 2 月 21 日,终止日为 12 月 20 日,多年初、终日之间平均持续日数为 303 d。

10 ℃是大部分农作物活跃生长的界限温度。日平均气温稳定通过 10 ℃后,水稻、红薯等喜温作物进入活跃生长阶段。长沙县多年日平均气温稳定通过 10 ℃的初日平均为 3 月 23 日左右,也是双季早稻的适宜播种期。终日出现在 11 月 21 日,初、终日之间持续日数约为 244 d。

15 ℃是喜温作物适宜生长的界限温度。长沙县多年日平均气温稳定通过 15 ℃的平均初日出现在 4 月 17 日,终日出现在 10 月 27 日,初、终日之间持续日数为 192 d。

20 ℃是喜温作物开花结实的适宜温度。长沙县多年日平均气温稳定通过 20 ℃的平均初日出现在 5 月 13 日,终日出现在 10 月 3 日,初、终日之间持续日数为 144 d。通常把日平均气温稳定通过 20 ℃作为常规双季晚籼稻正常抽穗开花的温度指标。日平均气温稳定通过 20 ℃的初终日期,各年出现时间的迟、早相差很大,如长沙县日平均气温稳定通过 20 ℃的初日,最早为 4 月 15 日,出现在 2005 年,最迟为 6 月 1 日,出现在 1993 年;终日最早出现在 1984 年 9月 11 日,最迟出现在 2007 年 10 月 23 日,迟、早相差 42 d。

22 ℃是籼型杂交水稻正常抽穗开花的界限温度,长沙县日平均气温稳定通过 22 ℃的初日多年平均为 5 月 27 日,最早出现在 2007 年 5 月 7 日,最迟出现在 1992 年 6 月 28 日。高于22 ℃终日多年平均为 9 月 20 日,最早为 8 月 19 日,出现在 2005 年,最迟为 10 月 7 日,出现在2009 年(表 3.4)。

表 3.4　长沙县稳定通过各界限温度初、终日期及持续日数

界限温度/℃		≥0	≥5	≥10	≥15	≥20	≥22
初日/(日/月)	平均	16/1	21/2	23/3	17/4	13/5	27/5
	最早	上一年 12/12	17/1	5/3	27/3	15/4	7/5
	最迟	20/2	24/3	16/4	9/5	1/6	28/6
终日/(日/月)	平均	21/1	20/12	21/11	27/10	3/10	20/9
	最早	7/12	15/11	31/10	2/10	11/9	19/8
	最迟	16/2	12/1	11/12	16/11	23/10	7/10
持续日数/d	平均	360	303	244	192	144	117
	最长	412	356	280	154	171	154
	最短	332	256	212	133	113	87

2. 各级界限温度,初、终日期间升温及降温速度

在春夏温度上升过程中,两界限温度初日之间的间隔日数称为界限温度初日的持续天数,同样在秋冬温度下降过程中两界限温度终日之间的间隔日数亦称为界限温度终日的持续天数。它们可以反映春夏升温或秋冬降温的速度,对农作物生长发育和产量形成有密切关系(表3.5和表3.6)。

表3.5 长沙县春、夏季各界限温度初日、间隔日数及升温速度

界限温度/℃	≥0	≥5	≥10	≥15	≥20	≥22	
平均初日/(日/月)	16/1	21/2	23/3	17/4	13/5	27/5	
持续天数/d		36	30	25	25	14	总天数130
升温速度/(℃/d)		7.2	6.0	5.0	5.0	7.0	平均值5.9

表3.6 长沙县秋、冬季各界限温度终日间隔日数及降温速度

界限温度/℃	≥22	≥20	≥15	≥10	≥5	≥0	
平均初日/(日/月)	20/9	3/10	27/10	21/11	20/12	21/1	
持续天数/d		13	24	25	29	32	总天数123
降温速度/(℃/d)		6.5	4.8	5.0	5.8	6.4	平均值5.6

从表3.5可知,春夏各界限温度升温速度从0℃上升到22℃,升温22℃历时130.0 d,平均气温每升高1℃需5.9 d;而0℃升至5℃需36.0 d,平均每升高1℃需7.2 d;5～10℃平均每升温1℃需6.0 d;10～15℃、15～20℃平均每升高1℃,只需5.0 d。从表3.6可看出,日平均气温稳定从22℃降低到0℃,降温22℃,历时123.0 d,平均每降低1℃需5.6 d。22℃降至20℃,平均每降低1℃需6.5 d;20℃降至15℃,平均每降低1℃仅需4.8 d;15℃降至10℃,平均每降温1℃需5.0 d,10℃降至5℃,平均每降温1℃需5.8 d;5℃降至0℃平均每降温1℃需6.4 d。

五、积温

作物在其生长发育过程中,不仅要求有适宜的温度条件,而且还需要有一定热量的总和,即累积温度,简称积温。积温是一个地区热量资源的重要标志,它可以表示某一期间内可用热量的多少,因而常用积温来研究各种农作物在整个生长发育过程中对热量的要求,这里所用的积温是活动积温。长沙县历年各级界限温度的活动积温如表3.7所示。

表3.7 长沙县历年各级界限温度的活动积温统计(单位:℃·d)

界限温度	活动积温	最多年活动积温	出现年份	最少年活动积温	出现年份
≥0℃	6373.1	6959.9	2007	5875.2	1995
≥5℃	6062.0	6881.8	2007	5405.3	1993
≥10℃	5483.8	6284.7	2008	4939.2	1987
≥15℃	4729.5	5413.4	2004	3931.0	1984
≥20℃	3736.6	4484.6	2005	3052.0	2002
≥22℃	3143.1	4196.6	2007	2204.5	1992

六、气温年较差与日较差

1. 气温的年较差

气温在一年内有着周期的变化,一般用气温年较差来表示变化的程度。气温年较差是一年内最热月平均气温与最冷月平均气温的差值。其差值的大小,反映出一个地方气候的大陆性程度。差值大,则表示受大陆性气候影响大,冷热悬殊;差值小,则表示受大陆性气候影响小,一年内冷热变化不大。由于长沙县离海洋较远,虽纬度较低,但三面环山,夏季海风难以抵达,而冬季可受寒潮侵袭。因此,长沙县气温的年较差比同纬度地区要大,气温年较差多年平均值为24.7 ℃,高于我国台湾、福建、两广、云贵、川藏等地,低于我国北方的北京、西安、呼和浩特、乌鲁木齐、哈尔滨等城市,与江西省及江苏、浙江和湖北接近(表3.8)。

表 3.8   各代表城市及长沙县平均气温年较差(单位:℃)

地名	台北市	长沙县	福州市	广州市	南宁市	昆明市	贵阳市	拉萨市	成都市	西宁市
年较差	14.0	24.7	18.5	15.2	15.5	12.3	18.9	17.6	20.1	25.8

地名	西安市	南昌市	杭州市	南京市	汉口市	北京市	呼和浩特市	乌鲁木齐市	哈尔滨市	
年较差	27.4	24.6	25.2	26.3	25.9	31.2	35.2	40.9	42.2	

2. 气温的日变化与日较差

气温的日变化具有一定的周期性规律,只有当某种特殊天气(寒潮、暴雨)出现时,这种周期性规律才可能被破坏。通常情况下,一天中最低气温出现在日出前后(即4—7时),一天中的最高气温多出现在14—15时左右。由于决定气温高低的主要因素是太阳辐射,不同季节太阳辐射值的大小也不同,所以最高、最低气温在一日中的出现时间在不同季节亦有差异。最低气温出现的时间,在夏季略早(5—6时),冬季稍迟(7时左右),春秋季相近(6—7时),最高气温出现时间相反,夏季略迟(16时左右),冬季略早(15时左右),春季最高气温出现在15—16时,秋季最高气温出现14—15时(见表3.9)。

表 3.9   长沙县四季代表月份一天中最高、最低气温出现时间统计

月份	1	4	7	10
最低气温出现时间/时	7	6—7	5—6	6—7
最高气温出现时间/时	15	15—16	16	14—15

气温的日较差指一日中最高气温与最低气温的差值。长沙县的气温日较差在一年内以盛夏和秋初最大,秋季和春季次之,冬季最小,见表3.10。

表 3.10   长沙县各月气温日较差与6大城市对比(单位:℃)

月份	长沙县	广州市	成都市	杭州市	汉口市	北京市	哈尔滨市
1	7.0	9.1	7.7	8.1	10.0	11.7	11.2
2	6.4	7.5	7.3	8.2	9.5	11.9	13.0
3	7.0	7.1	8.5	8.5	9.3	12.4	12.2
4	7.7	6.8	8.8	8.4	8.7	12.6	13.2
5	7.3	7.0	8.6	8.1	9.0	14.2	13.6

续表

月份	长沙县	广州市	成都市	杭州市	汉口市	北京市	哈尔滨市
6	7.6	6.7	8.0	7.4	8.8	13.2	12.6
7	8.5	7.3	7.7	8.4	8.0	9.9	9.5
8	8.4	7.6	8.1	8.4	8.6	9.3	9.8
9	8.0	7.8	7.1	7.5	8.9	12.0	11.8
10	8.2	8.6	5.9	8.7	9.8	12.1	11.9
11	7.8	8.9	6.7	8.8	9.3	9.0	10.2
12	7.3	9.3	7.0	8.1	9.2	10.8	10.3
年平均	7.6	7.9	7.6	8.2	9.0	11.7	11.7

夏季白天太阳辐射强,气温高,晴天少云,白天增热多,而夜间辐射冷却失热也多,温度较低;秋季云量也少,白天增热多,夜间辐射冷却热量散失多,温度低,所以温差较大;春季昼夜长短相差较小,雨水较多,缩小了白天增温和夜间降温的幅度;冬季是长沙县云量较多的季节,白天太阳辐射弱,时间短,昼夜温差不大。

从表3.10可看出,长沙县的气温日较差相对较小,从全年的平均值来看,比我国的西北、东北、华北及华中地区都小,与江浙地区相近,但大于华南与川黔地区。

长沙县气温日较差偏小的原因是长沙县处于低纬度地区,气旋活动频繁,锋面云系较多,常造成阴雨天气;加之盆地效应,除7—9月在西太平洋副热带高压控制下,云量偏少外,其他季节云量均比较多,春季和冬季更为明显,气温日较差偏小,是农作物有机物质的积累和品质形成的不利因素。

七、土壤温度

土壤温度除能影响贴近地面层空气温度的变化及其物理过程变化外,还直接影响农作物的生长发育和土壤中有机物质的腐烂分解。因此,土壤温度也是重要的气候因素之一。

1. 地面温度

地面温度是指土壤表面温度,长沙县多年平均地面温度为19.7 ℃,比多年平均气温17.6 ℃高2.1 ℃。其季节变化是:1月和2月最低,分别为5.5 ℃和7.7 ℃;3月为12.1 ℃,4月为18.9 ℃,5月攀升至25.1 ℃;7月为全年最高达,34.2 ℃,8月为33.2 ℃;尔后下降,9月降至27.6 ℃,10月为21.0 ℃,11月为13.9 ℃,12月为7.7 ℃(表3.11)。

表3.11 长沙县各月地面温度与气温对照(单位:℃)

月	1	2	3	4	5	6	7	8	9	10	11	12	年平均
地面温度	5.5	7.7	12.1	18.9	25.1	29.1	34.2	33.2	27.6	21.0	13.9	7.7	19.7
气温	5.0	7.2	11.2	17.6	22.6	26.0	29.4	28.5	24.3	18.8	12.8	7.2	17.6
差值	0.5	0.5	0.9	1.3	2.5	3.1	4.8	4.7	3.3	2.2	1.1	0.5	2.1

2. 地面极端最高和极端最低温度

长沙县多年地面极端最高温度为71.7 ℃,出现在1980年7月1日;次高值为66.9 ℃,出现在1991年7月25日。极端最高气温为40.6 ℃,出现在2003年8月2日。地面极端最低气温为−21.3 ℃,出现在1991年12月29日;次低值为−15.2 ℃,出现在1957年2月7日。极端最低气温为−10.8 ℃,出现在1991年12月29日。

地面平均最高气温为32.8 ℃,地面平均最低气温为12.7 ℃(表3.12)。

表3.12　长沙县各季代表月地面最高、地面最低温度与空气最高、最低温度对照(单位:℃)

月份	1	4	7	8	10	12	年
地面极端最高温度	37.1	54.4	71.7		57.5		71.7
空气极端最高温度	23.6	36.1	39.7	40.6	34.6		40.6
差值	13.5	18.3	32.0		22.9		31.1
地面极端最低温度	−13.3	−0.4	17.1		−5.0	−21.3	−21.3
空气极端最低温度	−7.6	1.9	18.9		2.6	−10.8	−10.8
差值	−5.7	−2.3	−1.8		−7.6	−10.5	−10.5

3. 地中温度

地中温度指地中不同深度的土壤温度。地中热量主要来源于地面,而地面热量又主要来源于太阳辐射。地面吸收太阳辐射热量,通过传导作用传至土壤中,使土壤中的温度也有日变化、月变化及年变化。这种变化愈往深处愈小。由表3.13可见,在4—9月的暖季里,地表受热逐渐强烈,温度增高很快,但地中0.05~0.80 m的温度,随深度增加而递降,1.60~3.20 m深层的地温又有所升高。

表3.13　长沙县各月平均地中温度(单位:℃)

月份	1	2	3	4	5	6	7	8	9	10	11	12	年
0.00 m	5.1	7.5	11.4	17.8	23.5	27.3	31.8	31.0	25.9	19.6	13.0	7.2	18.4
0.05 m	5.5	7.5	11.0	17.0	22.3	26.0	29.6	29.3	24.9	19.3	13.2	7.7	17.8
0.10 m	6.0	7.7	11.1	16.8	22.0	25.7	29.2	29.1	25.1	19.7	13.8	8.4	17.9
0.15 m	6.4	7.8	11.0	16.6	21.8	25.4	28.9	29.0	25.2	20.0	14.2	8.9	18.0
0.20 m	6.8	8.1	11.1	16.5	21.5	25.2	28.6	28.9	25.3	20.3	14.7	9.4	18.0
0.40 m	9.6	9.8	11.6	15.6	20.1	23.6	26.6	27.4	25.3	21.6	17.1	12.6	18.4
0.80 m	9.5	8.9	9.7	11.9	14.9	17.5	19.7	20.9	20.0	17.8	15.0	11.9	14.8
1.60 m	15.4	13.7	13.5	14.5	16.8	19.3	21.6	23.4	23.7	22.6	20.6	18.1	18.6
3.20 m	18.4	17.0	16.0	15.6	16.0	17.1	18.5	19.9	20.9	21.2	20.8	19.9	18.4

第二节　降　水

降水是指从天空降落到地面上的液态或固态的水。降水量是指某一时段内未经蒸发、渗透、流失的降水,在地面上积累的深度。以毫米(mm)为单位,取一位小数。

一、降水量分布

1. 年降水量

长沙县平均年降水量为1389.8(1951—1980年)和1472.8 mm(1981—2010年)。最大年降水量达1955 mm,出现在1969年;次多年降水量为1854.7 mm,出现在1998年。最小年降水量为981.0 mm,出现在2007年。

2. 历年降水量保证率

长沙县 80％保证率的年降水量为 1300～1399 mm,不同等级降水量保证率具体见表 3.14。

表 3.14 长沙县历年降水量保证率

降水量/mm	年数/30 年	频率/％	保证率/％
1800～1900	3	10.00	
1700～1799	3	10.00	20.00
1600～1699	4	13.33	33.33
1500～1599	4	13.33	46.66
1400～1499	5	16.67	63.33
1300～1399	5	16.67	80.00
1200～1299	1	3.33	83.33
1100～1199	4	13.33	96.66
1000～1099	0	0.00	96.66
900～999	1	3.34	100.00

3. 降水量的季节变化

降水量在季节分布上差异很大,春季最多,夏季次之,秋季居三,冬季最少。基本上是按春、夏、秋、冬依时递减,见表 3.15。

表 3.15 长沙县各季降水量占年总降水量的百分比

季节	春(3—5 月)	夏(6—8 月)	秋(9—11 月)	冬(12 月至次年 2 月)
降水量/mm	538.2	474.3	232.6	227.3
占全年降水量百分比/％	36.6	32.2	15.8	15.4

由表 3.15 可见,长沙县 3—5 月的降水量为 538.2 mm,占全年总降水量的 36.6％,6—8 月的降水量为 474.3 mm,占全年总降水量的 32.2％,9—11 月的降水量为 232.6 mm,占全年总降水量的 15.8％,12 月至次年 2 月的降水量为 227.3 mm,占全年总降水量的 15.4％。降水季节性变化的主要原因是在季风气候的影响下,夏半年受海洋气团的控制,而冬半年受极地大陆气团的控制,造成水汽供应明显差异所致。

4. 降水量的月变化

降水量的月变化特点为:①春、夏两季雨水集中,降水量占全年总降水量的 68.8％;秋、冬两季降水量只占全年总降水量的 31.2％,且春季降水比夏季多,秋季比冬季多。在一年之中,以 6 月的降水量最大,平均为 225.2 mm,占全年总降水量的 15.9％,相当于秋季(9—11 月)三个月降水量的总和。3—6 月降水量达 763.9 mm,占全年总降水量的 51.9％;3—8 月降水量达 1013.0 mm,占全年总降水量的 68.8％。②上半年从冬到夏,降水量不断递增,其中,1 月降水量为 78.7 mm,2 月为 99.7 mm,3 月上升到 149.5 mm;6 月达 225.2 mm,为全年各月降水量的高峰值。③6 月以后,降水量逐渐减少,7 月降水量为 133.3 mm,10 月降水量为 75.2 mm;12 月降水量为 48.9 mm,为全年各月降水量的最低值(表 3.16,图 3.2)。

表 3.16　长沙县历年各月降水量

月	1	2	3	4	5	6	7	8	9	10	11	12
降水量/mm	78.7	99.7	149.5	200.9	188.3	225.2	133.3	115.8	74.4	75.2	83.0	48.9

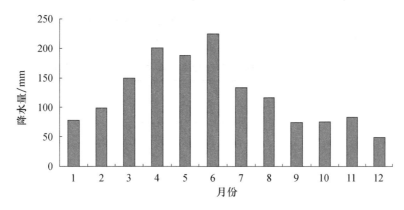

图 3.2　长沙历年各月降水量

5. 降水量的旬变化

表 3.17 显示了长沙县历年各旬平均降水量分布。在一年中以 6 月中旬降水量最大,平均值为 85.9 mm。1 月上旬和下旬、2 月上旬降水量均为 20.0～27.0 mm;9 月中旬和下旬、11月下旬和 12 月上旬各旬降水量均在 20.0 mm 以下。在农作物生育旺季中的 7—10 月有三个显著的少雨时期。7 月中旬降水量为 30.2 mm,8 月上旬为 29.8 mm,正值双季稻收早稻、插晚稻的需水关键期,常因缺水而出现干旱。8 月下旬降水量为 36.3 mm,此时高温少雨,常出现干旱。9 月中旬降水量为 13.2 mm,下旬为 18.7 mm,此时正值双季晚稻抽穗扬花,旱地作物红薯壮薯期,也是需水最多的关键期,常因缺水而出现秋旱,成为制约晚稻高产丰收的瓶颈。

表 3.17　长沙县历年各旬降水量(单位:mm)

月份	1			2			3			4			5			6		
旬	上	中	下	上	中	下	上	中	下	上	中	下	上	中	下	上	中	下
降水量	21.3	31.0	26.3	26.7	38.5	34.4	39.0	53.4	57.1	69.2	71.6	60.1	66.5	57.8	64.0	70.9	85.9	68.4
月份	7			8			9			10			11			12		
旬	上	中	下	上	中	下	上	中	下	上	中	下	上	中	下	上	中	下
降水量	53.6	30.2	49.5	29.8	49.7	36.3	42.5	13.2	18.7	21.4	26.8	27.0	32.8	31.6	18.6	14.4	18.8	15.8

6. 降水量的日变化

(1)降水量在一天中的变化趋势

长沙县一天中降水量最大值常出现在 2—4 时,最低值常出现在 14—16 时。

随着季节不同,日降水量的最高、最低值的出现时间略有变化。冬、春季节,日降水量最高值出现在凌晨,即出现时间推迟 2～4 h,而降水量最低值则提前 2～4 h,出现在 10—14 时。夏季,一日中降水量最高值出现在早晨前后,最低值出现在傍晚 18—20 时。

(2)降水量的日变化与气温最低值的出现时间相近

降水量最高值与温度最低值的出现时间基本相同。夜晚因辐射而使地面和近地层温度降低,空气湿度增大;加之夜雨多,湿度增加更大,趋于饱和状态,更有利于水汽凝结,因凝结放出潜热,增强了蒸发作用,消耗潜热,又引起降温,使地面对辐射热量的吸收和放射具有惰性落后。根据长沙县降水量资料,按上午(6—12时),下午(12—18时),前半夜(18—24时),后半夜(0—6时)四个时段进行统计,计算出的四季与全年各个时段降水量的百分比如表3.18所示。由表可见,长沙县春、夏两季上午降水量最多,春季6—12时降水量占36%;夏季(7月)6—12时降水占35%;秋季(10月)后半夜0—6时降水占35%。冬季1月0—6时降水量最多,占44%。全年以后半夜(0—6时)降水量最多,占31%。

表3.18 长沙县不同季节各时段降水量占日降水量的百分比

季节(代表月份)	时段/时	百分比/%
春季(4月)	0—6	27
	6—12	36
	12—18	19
	18—21	18
夏季(7月)	0—6	26
	6—12	35
	12—18	20
	18—21	19
秋季(10月)	0—6	35
	6—12	32
	12—18	22
	18—21	21
冬季(1月)	0—6	44
	6—12	21
	12—18	17
	18—21	18
全年	0—6	31
	6—12	29
	12—18	19
	18—21	21

二、雨季和旱季

4—6月,极锋雨带滞留长沙县,致使降水高度集中,多年平均降水量达614.4 mm,占年总降水量的41.7%。最多年1998年4—6月降水量达994.3 mm,占全年总降水量的53.6%,最少年2008年4—6月降水量仅240.3 mm,占全年总降水量的19.3%。

7—9月,长沙县常受西太平洋副热带高压稳定控制,降水量少,高温炎热,蒸发量大,作物需水量多,常因雨水不足形成干旱,故称之为旱季。7—9月长沙县多年平均降水量为323.5 mm,占全年总降水量的22.0%,但个别年份雨季结束推迟,或出现较多的台风、热雷雨,7—9月降水也会出现明显偏多的现象,如1999年7—9月降水量为799.6 mm,占全年降水量的47.9%。但也有个别年份出现雨季结束偏早,降水量偏少的情况,如2003年7—9月降水量仅110.1 mm,占年总降水量的9.8%,是长沙县7—9月历年降水量的最小值(见表3.19)。

表 3.19 长沙县雨季(4—6 月)和旱季(7—9 月)降水量

降水量 / 季	雨季/(4—6 月)	旱季/(7—9 月)
平均降水量/mm	614.4	323.5
占全年比例/%	41.7	22.0
最多年降水量/mm	994.3(1998 年)	799.6(1999 年)
占全年比例/%	53.6	47.9
最少年降水量/mm	240.3(2008 年)	110.1(2003 年)
占全年比例/%	19.3	9.8

三、降水量保证率

1. 年降水量保证率

年降水量保证率是指年降水量高于某一量级降水量的年数占整个资料序列年数的百分比(表 3.20)。它可表现出高于或低于某些年降水量界限值的可靠程度。

表 3.20 长沙县 1951—2010 年年降水量保证率统计

降水量/mm	年数/a	频率/%	保证率/%
1900~2000	1	1.67	1.67
1800~1899	4	6.67	8.34
1700~1799	5	8.33	16.67
1600~1699	5	8.33	25.00
1500~1599	5	8.33	33.33
1400~1499	11	18.34	51.67
1300~1399	14	23.33	75.00
1200~1299	8	13.33	88.33
1100~1199	4	6.67	95.00
1000~1099	2	3.33	98.33
900~999	1	1.67	100.00

2. 月降水量保证率

长沙县历年各月不同等级的降水量保证率见表 3.21。

表 3.21 长沙县历年各月不同降水量等级保证率(%)统计

降水量/mm	1 月	2 月	3 月	4 月	5 月	6 月	7 月	8 月	9 月	10 月	11 月	12 月
500~599						3.33						
400~499					3.33	10.00						
300~399			6.67	10.00	6.67	20.00	6.67	6.67				
200~299		3.33		50.00	40.00	53.33	16.67	10.00	3.33		10.00	
100~199	23.33	50.00	36.67	96.67	91.67	90.00	63.34	53.33	23.33	23.33	33.33	10.00
50~99	80.00	86.67	100.00	100.00	100.00	100.00	76.67	66.66	60.00	73.33	56.66	46.67

续表

降水量/mm	1月	2月	3月	4月	5月	6月	7月	8月	9月	10月	11月	12月
40~49	86.67	93.34					90.00	80.00	66.67	80.00	63.33	56.67
30~39	96.67						96.67	90.00	80.00	83.33	80.00	60.00
20~29	100.00	96.67						93.33	90.00	90.00	86.67	76.67
10~19		100.00					100.00		93.33	96.67	96.67	86.67
1~9									100.00	100.00	100.00	100.00	93.33
<1												100.00

3. 雨季降水量保证率

长沙县雨季(4—6月)降水量80%保证率为450 mm;不同降水等级的保证率具体见表3.22。

表3.22 长沙县雨季(4—6月)不同降水量等级保证率统计

降水量级/mm	年数/a	频率/%	保证率/%
900~1000	1	3.33	
800~899	2	6.67	10.00
700~799	6	20.00	30.00
600~699	8	26.67	56.67
500~599	6	20.00	76.67
400~499	4	13.33	90.00
300~399	2	6.67	96.67
200~299	1	3.30	100.00

4. 旱季(7—9月)降水量保证率

长沙县旱季降水量(7—9月)保证率80%的降水量为300 mm;不同降水等级的保证率具体见表3.23。

表3.23 长沙县旱季(7—9月)不同降水量等级保证率统计

降水量级/mm	年数/a	频率/%	保证率/%
700~800	2	6.67	
600~699			
500~599	1	3.33	10.00
400~499	5	16.67	26.67
300~399	5	16.67	43.34
200~299	12	40	83.34
100~199	5	16.67	100.00

四、降水变率

长沙县的降水量无论是全年、各季和各月,在年与年之间的变化很大。这种降水量的不稳定性对农业生产不利,关于历年降水量变化程度的大小,通常用降水量的相对平均变率(简称

降水变率)来表达,其计算公式为:

$$某月(年)降水量平均相对变率 = \frac{该月(或年)降水量距平绝对值的多年平均值}{该月(或年)多年平均降水量} \times 100\%$$

降水变率是表示降水量离散程度的指标。降水变率的大小反映了一地降水量的稳定程度,降水变率大意味降水量多少不定,变化很大。大的降水变率是大气环流反常的表现,旱涝的发生是由降水变率大而引起的。

1. 全年和各月的降水变率

长沙县年降水变率为12%左右,属于低降水变率区,说明年降水量总的来说还比较稳定,原因是中低纬度地区经常有气旋活动,距海洋不远,无论是夏季风强或弱的年份,海洋气团均能抵达长沙县。

虽然平均年降水变率较小,但也有少数年份的降水变率偏大,如1969年降水变率达41%,年降水量为1955.3 mm;1973年降水变率达30%,年降水量为1804.0 mm;1963年降水变率为−27%,年降水量仅为1018.2 mm;1971年为−26%,年降水量1035.2 mm;2007年降水变率为−34%,年降水量仅981.0 mm,为历年最小值(表3.24)。

表3.24　长沙县各月和年降水变率

月份	1	2	3	4	5	6	7	8	9	10	11	12	年
平均变率/%	53	31	31	25	27	36	61	59	73	53	60	49	12
极端正变率/%	145	131	60	46	87	140	189	224	212	152	195	128	41
出现年份	1954	1959	1961	1951	1958	1969	1954	1969	1953	1953	1963	1965	1969
最大降水量/mm	144.6	203.3	223.2	204.9	4364	454.4	325.6	379.0	195.3	205.4	185.7	103.4	1955.3
极端负变率/%	−97	−61	−68	−51	−59	−71	−89	−77	−99	−100	−92	−97	−34
出现年份	1963	1969	1974	1959	1966	1963	1978	1965	1966	1979	1979	1973	2007
最小降水量/mm	1.7	34.4	44.9	98.0	95.0	53.9	12.2	27.0	0.8	0.0	4.8	1.5	981.0

2. 雨季和旱季的降水变率

雨季(4—6月)和旱季(7—9月)是长沙县的两个有明显不同特征的降水时段。

雨季由于锋面和气旋活动的相对稳定,降水变率较小,平均为29.3%,极端正变率为140%,极端负变率为−71%。旱季由于对流降水和台风降水的不稳定性,降水变率较大,平均为64.3%,极端正变率为224%,极端负变率为−99%,明显可看出旱季降水变率大于雨季(表3.25)。

再从最大降水量与最小降水量的比值来分析:雨季最大降水量为974.3 mm,最小降水量240.3 mm,其比值为4.1。旱季最大降水量为799.6 mm,最小降水量为110.1 mm,其比值为7.3。可见旱季各年降水量差异大,极不稳定,而雨季各年降水量的多寡差异较小,年际分布比较均匀。

表3.25　长沙县雨季(4—6月)和旱季(7—9月)降水变率对比

时段	平均变率/%	极端正变率/%	极端负变率/%	最大降水量与最小降水量比值
雨季	29.3	140	−71	4.1
旱季	64.3	224	−99	7.3

五、降水强度

降水强度是指单位时间内的降水量,它关系到降水量的可利用性。如果在降水过程中有很大一部分雨水在极短促的时间里降下,则这种急骤降水量就难以为土壤和农作物所利用,相反会造成沟渠涨水泛滥,河道淤塞,冲毁建筑物,冲断桥梁,破坏交通,形成洪涝灾害。因此,降水强度的大小及其出现的频率是农业生产、土木建筑和水利工程建设必须考虑的问题。

长沙县全年降水量主要集中在春夏两季,特别是4—8月期间,正值农作物需水量最多的时候。

4月日平均降水强度多在13.4 mm/d左右,最强年份日降水强度达16.5 mm/d,最弱年份仅10.9 mm/d。月降水量最多为312.7 mm,大雨和雷阵雨日数逐渐增多,暴雨也可始见,长沙县进入雨季。5月日平均降水量强度为15.2 mm/d,最强年份日降水强度为20.1 mm/d,最弱年份仅6.3 mm/d。月最多降水量为400.8 mm,出现在2005年,一日最大降水量达133.7 mm。6月日平均降水量强度为20.4 mm/d,最强年份日降水强度达44.5 mm/d。月降水量最大值为573.1 mm,出现1998年。可见,6月的降水量更集中,降水量强度更大。7月的日平均降水强度为18.3 mm/d,总的来说比6月份有所减小,月降水量最大值为382.3 mm。8月的降水量强度日平均值为14.6 mm/d,与7月份相似。月降水量最大值为284.5 mm(表3.26、表3.27)。

表3.26 长沙县各月平均日降水强度

月份	1	2	3	4	5	6	7	8	9	10	11	12	年
平均日降水强度/(mm/d)	7.5	9.5	10.0	13.4	15.2	20.4	18.3	14.6	12.7	10.6	11.4	6.8	12.9
一日最大降水量/mm	46.8	4.21	60.8	87.1	133.7	192.5	189.8	187.8	83.8	99.7	48.2	36.1	192.5

表3.27 长沙县各月平均降水量与雨日

月份	1	2	3	4	5	6	7	8	9	10	11	12	年
平均降水量/mm	74.6	94.8	139.5	187.2	182.1	223.9	146.2	102.1	75.9	74.5	79.5	47.8	1428.1
平均雨日/d	10	10	14	14	12	11	8	7	6	7	7	7	111
降水强度/(mm/d)	7.5	9.5	10.0	13.4	15.2	20.4	18.3	14.6	12.7	10.6	11.4	6.8	12.9
最多月降水量/mm	171.2	181.4	360	312.7	400.8	573.1	382.3	284.5	189.2	169.6	243.9	127.7	1824.3
出现年份	1991	1982	1992	1983	2005	1998	1999	1999	1994	1981	2008	2010	1997
雨日/d	14	17	22	19	20.1	13	15	15	11	4	9	6	120
降水强度/(mm/d)	12.2	10.7	16.4	16.5	20	44.5	25.5	19.0	17.2	42.4	27.1	21.3	15.2
最少月降水量	17.9	18.0	66.8	98.1	37.8	116.1	5.3	1.4	2.5	2.7	11.9	0	9364
出现年份	2009	1999	1983	1988	2007	2003	2003	1981	2001	2007	2007	1987	2007
雨日/d	3	3	7	9	6	9	2	3	1	2	1	0	87
降水强度/(mm/d)	6.0	6.0	9.5	10.9	6.3	12.9	2.7	0.5	2.5	1.4	11.9	0	10.8

六、雨季起止日期

每年春季,极地大陆气团势力逐渐减弱,南方海洋暖湿气团开始活跃,影响长沙县,使雨水逐渐增多,形成雨季开始。此后,随着西太平洋副热带高压的不断推进,极锋雨带北移,当副热带高压脊线北跃至28°N附近时,长沙县稳定受副热带高压控制,天气晴热、高温,雨季结束。

根据湖南省气象台2005年制订的天气气候标准,雨季是指入汛后至西太平洋副热带高压季节性北跳之前的一段时期。雨季开始:是指日降水量≥25 mm或3 d总降水量≥50 mm,且其后两旬中任意一旬降水量超过历年同期平均值。

雨季结束:是指一次大雨以上降水过程以后15 d内基本无雨(总降水量<0.1 mm),则无雨日的前一天为雨季结束日。雨季中若有15 d或以上间歇,间歇后还出现西风带系统降水(15 d总降水量≥20 mm),间歇时间虽达到以上标准,但雨季仍不算结束。

按此标准统计,长沙县雨季平均开始日期为3月31日,最早出现在2月22日,最迟出现在5月26日。

长沙县雨季结束日期平均为7月2日,最早出现在6月13日,最迟出现在7月21日。初、终日之间持续日数平均为94 d,最多为134 d,最少为58 d。

七、干燥指数

一地的干湿状况是降水、热量等要素的综合反映,干燥指数是能较好地反映长沙县暖季干湿状况的指标。其经验公式为:

$$K = \frac{E}{Y} = \frac{0.16\Sigma t}{Y} \times 100\%$$

式中:K 为干燥指数;E 为可能蒸发量(mm);Σt 为日平均气温稳定通过 10 ℃ 期内的积温(℃·d);Y 为日平均气温稳定通过 10 ℃ 期内的降水量(mm)。

采用上式计算结果如表3.28所示。由表可看出,4月降水量增多,长沙县气候温暖且很湿润,5月、6月气候湿润;7月、8月、10月气候半湿润;9月降水较少,秋高气爽,气候半干旱。4—10月平均处于半湿润气候状态,对农作物生长发育和高产丰收有利。

表3.28　长沙县4—10月干燥度表

月份	4	5	6	7	8	9	10	平均
K	0.42	0.60	0.55	1.09	1.22	1.57	1.24	0.81
气候类型	很湿润	湿润	湿润	半湿润	半湿润	半干旱	半湿润	半湿润

第三节　日　照

日照是指太阳在一地实际照射的时数,在一个给定时间,日照时数定义为太阳直接辐照度达到或超过 120 W/m² 的那段时间的总和。以小时为单位,取 1 位小数。日照对数也称实照时数。

可照时数(天文可照时数),是指在无任何遮蔽条件下,太阳中心从某地东方地平线到进入西方地平线,其光线照射到地面所经历的时间。可照时数由公式计算,也可从《天文年历》或《气象常用表》查出。

1. 年日照时数及年日照百分率

日照百分率(%)＝日照时数/可照时数×100%

长沙县历年年日照时数为 1677.1 h(1951—1980 年)～1510.9 h(1981—2010 年),最多年份 1956 年日照时数达 2124.1 h,日照百分率为 48%;其次为 1963 年,日照时数达 2075.9 h,日照百分率 47%;2009 年日照时数 1826.7 h。最少年份日照时数为 1410.9 h,出现在 1975 年(表 3.29、图 3.3)。

表 3.29 长沙县各月日照时数及日照百分率统计

月份	1	2	3	4	5	6	7	8	9	10	11	12	年	资料年限
日照时数/h	65.0	59.4	72.3	99.5	138.9	142.1	228.3	205.7	151.3	128.8	113.4	106.2	1510.9	1981—2010 年
日照时数/h	88.4	88.5	80.8	107.3	121.0	158.2	259.6	230.5	182.3	147.1	121.8	102.7	1677.1	1951—1980 年
日照百分率/%	20	19	19	26	33	34	54	51	41	37	35	33	37	1981—2010 年
日照百分率/%	27	22	22	28	29	38	61	59	49	42	38	32	38	1951—1980 年

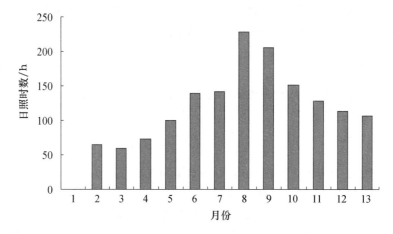

图 3.3 长沙历年各月日照时数

2. 月日照时数及月日照百分率

月日照时数的变化为:①1—4 月 4 个月的日照时数平均小于 100 h;5 月份日照时数上升到 121.0～138.9 h,到 7 月达到最高峰 228.3～259.6 h;尔后又逐月递降,8 月为 205.7～230.5 h,至 12 月为 102.7～106.2 h。②1981—2010 年月日照百分率 1—3 月在 19%～20%,5—6 月为 33%～34%。7 月达 54%,8 月为 51%,尔后降低至 33%～41%。1951—1980 年 1—5 月日照百分率为 22%～29%,7 月日照百分率达 61%,尔后逐月递减,8 月为 59%,至 12 月为 32%(表 3.29)。

3. 旬日照时数的变化

旬日照时数的变化为:①1 月下旬—3 月中旬及 12 月下旬,各旬日照时数均在 30 h 以下。②1 月上旬和中旬、3 月下旬、4 月上旬和中旬、5 月上旬和中旬、11 月中旬、12 月上旬和中旬,各旬的日照时数均在 40 h 以下。③4 月下旬、6 月中旬、10 月上旬和中旬,11 月上旬和中旬为 40～50 h。④5 月下旬、6 月上旬和下旬、9 月中旬和下旬、10 月下旬,各旬在 50～60 h 之间,7 月上旬日照时数上升到 178.7 h,为全年各旬日照时数的最大值,7 月下旬达 100.6 h,为次高值。自 7 月下旬开始逐旬递减,8 月下旬为 86.3 h,9 月中旬日照时数在 60 h 以下,至 12 月下旬降为 29.8 h。

第四节　其他气象要素

一、气压

气压:单位面积上所承受的大气柱重量,称为气压,又称大气压力。其数值等于从单位底面积向上一直延伸到大气外界的垂直气柱的重量。气压的单位为百帕(hPa),1 Pa 的压力为 1 m^2 面积受到一个牛顿力(N),即 1 Pa=1 N/m^2。

长沙县本站气压年平均为 1009.9 hPa,冬季 1 月份最高,春秋季次之,夏季 7 月最低。如 12 月和 1 月都在 1020.4 hPa 以上,而 6—8 月的气压都小于 1000.0 hPa(表 3.30),其原因是寒冷季节空气密度大,高温季节空气密度小之故。

由于冷热变化所致,气压也呈周期性的日变化,一般情况下最高气压出现在上午 9—10 时,夏季稍早、冬季略迟,最低气压出现在下午 3—5 时,夏季稍迟,冬季略早。

表 3.30　长沙县各月平均气压表

月份	1	2	3	4	5	6	7	8	9	10	11	12	年平均
气压/hPa	1020.4	1017.4	1013.4	1008.3	1004.1	999.5	998.1	999.8	1006.3	1013.0	1017.2	1020.6	1009.9
最高气压/hPa	1023.5	1021.7	2016.6	1011.1	1005.9	1001.9	999.8	1002.1	1009.9	1015.8	1020.0	1024.2	1010.9
最低气压/hPa	1015.1	2011.5	1009.9	1007.0	999.4	995.0	992.7	995.6	1000.5	1010.9	1013.6	1015.1	1005.2

二、风

空气的水平运动称为风。

空气作水平运动时,既有方向,也有速度。风能促使干冷空气和暖湿空气发生交换,是天气变化的重要因素之一。

1. 风向

风向是指风的来向,地面风向用十六个方位表示,长沙县各月的风向频率如表 3.31 所示。

表 3.31　长沙县累年各风向频率

风向	N	NNE	NE	ENE	E	ESE	SE			
频率/%	7	2	2	1	2	2	5			
风向	SSE	S	SSW	SW	WSW	W	WNW	NW	NNW	C
频率/%	6	6	2	2	1	1	3	24	16	18

从表 3.31 可看出,长沙县累年最多风向为西北风,频率为 24%,北西北风向频率为 16%,二者合计西偏北风频率达 40%;偏南各风向频率合计为 25%。

冬季:以 1 月为代表,受蒙古高压控制,冷空气自北向南倾注,长沙以偏北风居多。

春季:以 4 月代表,是冬季风向夏季风转变的过渡季节,偏南风逐渐增多,但由于冷空气势力较强,仍以偏北风为主导风向。长沙县偏南风频率增加 15%,而偏北风频率亦减少了 13%。

夏季:以 7 月为代表,长沙县受西太平洋副热带高压或大陆热低压的控制,盛行风向以偏南风为主,偏南风频率占 15% 左右。

秋季:以 10 月为代表,盛行风向已接近于冬季形势,以偏北风为主,西北风频率占 21% 左右(图 3.4)。

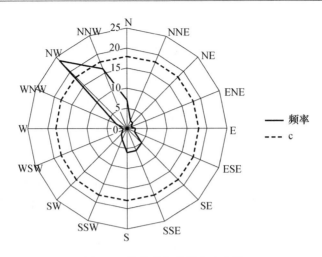

图 3.4　长沙县各月风向玫瑰图

2. 风速

风是自然资源之一。风力已广泛地被利用,如可以风来做动力,风力发电等。当然风力过大也容易造成灾害。

在气象上,常用风速(单位:m/s)来表示风力的大小。风速与风力的关系可参见表 3.32。

表 3.32　风力等级与风速对照(参考国家标准 GB/T 28591—2012《风力等级》)

风力等级	陆地地面物征象	相当风速/(m/s)
0	静,烟直上	0.0～0.2
1	烟能表示出风向	0.3～1.5
2	人面感觉有风,树叶有微响	1.6～3.3
3	树微枝摇动不息,旌旗展开	3.4～5.4
4	能吹起地面灰尘和纸张,树的小枝摇动	5.5～7.9
5	有叶的小树摇摆,内陆的水面有小波	8.0～10.7
6	大树枝摇动,电线呼呼有声,举伞困难	10.8～13.8
7	全树摇动,大树枝弯下来,迎风步行感觉不便	13.9～17.1
8	可拆毁树枝,人向前行感觉阻力甚大	17.2～20.7
9	烟囱及平屋房顶受到损坏,小屋遭受破坏	20.8～24.4
10	陆上少见,见时可使树木拔起或使建筑物损毁严重	24.5～28.4
11	陆上很少,有则必有重大损毁	28.5～32.6
12	陆上绝少,其摧毁力极大	32.7～36.9

风速是指单位时间内空气在水平方向上移动的距离。长沙县各月平均风速、风向见表 3.33。

表 3.33　长沙县各月平均风速和风向

月	1	2	3	4	5	6	7	8	9	10	11	12	年
风速/(m/s)	1.5	1.6	1.8	1.7	1.4	1.4	1.6	1.5	1.4	1.6	1.1	1.4	1.5
最大风速/(m/s)	14.7	16.3	16.0	18.3	15.7	16.3	14.0	18.0	17.0	15.7	20.0	14.3	20.0
风向	NNW	NW	N	NNW	NNW	WSW	WSW	SE	NNE	N	N	NW	N

(1)平均风速:由表3.33可见,长沙县多年平均风速为1.5 m/s,3月、4月的平均风速分别为1.8 m/s和1.7 m/s,7月、10月均为1.6 m/s。

(2)最大风速:多年最大风速为20.0 m/s,出现在11月。4月最大风速为18.3 m/s,8月最大风速为18.0 m/s。

三、湿度

湿度是表示空气湿润程度的指标,空气中水汽含量是支配空气湿度大小的主要因素,气温越高,水汽含量越多,湿度就越大。

1. 相对湿度

相对湿度是指在当时温度条件下空气中所含有的水汽量与相同温度条件下所能达到的饱和水汽量的百分比,它表示空气中水汽的饱和程度,其大小取决于温度的高低和空气中水汽含量的多寡。

(1)平均相对湿度

长沙县多年平均相对湿度为81%,1—4月较大,各月相对湿度均在80%以上。其中,以空气中水汽丰富而气温又不甚高的1—3月相对湿度最大,为84%~85%;气温高而水汽不甚多的7—8月相对湿度最小,为76%~79%,具体见表3.34。

(2)最小相对湿度

长沙县各月的最小相对湿度除7月在30%以上外,其他各月都在30%以下。其极小值出现在冬季,12月极小相对湿度为10%,在干燥的极地大陆气团控制下,相对湿度最小;此外,在春季和秋季的晴朗天气中也常出现相当小的相对湿度,如1月、4月和10月的极小值分别为12%、10%和12%(表3.34)。

(3)相对湿度≥80%的日数

长沙县相对湿度在阴雨天气或有雾的情况下常出现100%,全年日平均相对湿度80%以上的日数达242 d左右,其中以1月、2月、3月、6月最多,每月都在25 d以上(表3.34)。

表3.34　长沙县各月相对湿度(1981—2010年)

月份	1	2	3	4	5	6	7	8	9	10	11	12	年
平均相对湿度/%	85	84	84	82	81	82	76	79	80	80	81	81	81
平均最小相对湿度/%	74	73	72	74	72	74	69	70	70	72	70	71	69
≥80%日数/d	29	26	26	21	18	25	8	12	20	17	21	19	242
最小相对湿度/%	12	16	18	10	13	20	31	24	19	12	16	10	10

2. 水汽压

水汽压是指空气中水汽产生的压力,其高低与空气中水汽含量及温度有关。单位为百帕(hPa)。

5—9月是长沙县水汽压较高的时期,月平均值都在20 hPa以上,7—8月份接近30 hPa,12月至次年2月最低,月平均在10 hPa以下,其他各月为11~17 hPa(表3.35)。

6—8月曾出现过40 hPa以上的最高水汽压;冬季为水汽压最低的时期,曾出现过2 hPa以下的最低水汽压。12月与1月的最低水汽压分别是1.6 hPa与1.4 hPa(表3.35)。

表 3.35　长沙县各月水汽压

月份	1	2	3	4	5	6	7	8	9	10	11	12	年
平均水汽压/hPa	6.9	8.0	11.0	16.0	21.3	26.9	30.0	29.6	23.5	16.6	11.6	8.1	17.5
最大水汽压/hPa	17.1	21.7	25.4	35.9	33.6	40.4	43.6	40.2	35.4	31.0	24.6	20.2	43.6
最小水汽压/hPa	1.4	2.1	3.6	4.8	7.2	13.1	19.6	15.7	8.6	6.1	2.3	1.6	1.4

四、蒸发

蒸发量:指一定时段内,水分经蒸发而散布到空气中的量。

气象台站测定的蒸发量,是指一定口径的蒸发器中的水因蒸发而降低的深度,以毫米为单位,取小数一位。其计算公式为:

$$蒸发量＝原水量＋降水量－余水量$$

长沙县年平均蒸发量为 1194.9 mm。高温的 7 月蒸发量最多为 205.6 mm;11 月至次年 4 月蒸发量较小,每月不足 100.0 mm,其中冬季(12 月至次年 2 月)每月蒸发量都在 50.0 mm 以下。5 月、6 月、9 月均为 100～170 mm。年最大蒸发量为 1370.7 mm,出现在 1992 年。年最小蒸发量为 911.7 mm,出现在 2010 年。月最大蒸发量为 264.6 mm,出现在 1988 年 7 月,月最小蒸发量为 17.8 mm,出现在 2005 年 1 月(表 3.36,图 3.5)。

表 3.36　长沙县各月蒸发量

月份	1	2	3	4	5	6	7	8	9	10	11	12	年
平均蒸发量/mm	32.9	39.8	58.1	88.4	125.3	139.8	205.6	179.5	128.0	98.9	61.2	45.4	1194.9
最大蒸发量/mm	51.8	71.3	72.9	129.0	176.0	176.5	264.6	223.9	168.0	118.0	96.4	69.9	1370.7
最小蒸发量/mm	17.8	20.0	40.2	61.5	88.9	82.7	150.4	124.1	77.0	63.0	35.7	24.2	911.7

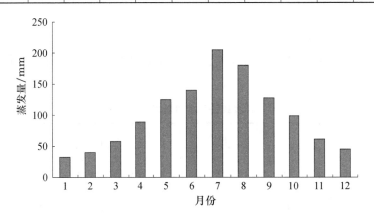

图 3.5　长沙县历年各月平均蒸发量

五、云

云是大气中水汽凝结或凝华所造成的一种现象,由飘浮在空中的无数小水滴,小冰晶或两者共同组成。

1. 云量

云量是指云遮蔽天空的成数,可分为总云量和低云量。总云量是指天空被云遮蔽的成数,低云量是指天空被低云遮蔽的成数,一地方云量的多少,除受天气系统影响外,还与地形、山脉走向及下垫面性质有关。

长沙县多年平均总云量为 7.0 成,1—6 月较多,每月平均都在 7.0 成以上;7—12 月较少,每月平均在 7.0 成或以下;8 月最少为 5.9 成。

低云量的多年平均值为 4.7 成,1—6 月较多,每月平均为 4.5~6.2 成,7—8 月最少,为 3.3~3.7 成;9—12 月为 4.3~4.6 成(见表 3.37)。

表 3.37　长沙县各月平均云量

月	1	2	3	4	5	6	7	8	9	10	11	12	年
总云量/成	7.08	7.99	7.94	8.03	7.07	7.67	6.62	5.88	6.30	6.79	6.30	6.12	6.98
低云量/成	5.3	6.15	5.82	5.60	4.46	4.73	3.28	3.37	4.51	4.57	4.25	4.27	4.7

2. 晴天和阴天日数

云量小于 2 成为晴天,大于 8 成为阴天。总云量按此标准统计,长沙县多年平均晴天为 42.2 d,每月 3~4 d,多年平均阴天为 179.6 d,每月 14~15 d。

在人们的实际生活和生产活动中,晴天和阴天的概念往往是视日照的有无,日照时间的长短及光照强度而言,而它们与低云的关系更为密切。若以低云量小于 2.0 成为晴天,则年平均有晴天 114.4 d,其中 2—6 月每月晴天为 8~10 d,7—9 月每月为 11~13 d,10 月至次年 1 月每月为 13~17 d(表 3.38)。

以低云量大于 8.0 成为阴天,则平均每年有阴天 94.8 d,各月都在 8 d 以下,1—4 月较多,平均每月 7~10 d,6—8 月最少,平均每月 3 d 左右,9—11 月每月 7~9 d(表 3.38)。显然春季和初夏低层锋面和高空气旋活动频繁低云量多,晴天较少,阴天多,盛夏和秋季,系统性降水较少,云系不多,阴天较少,而晴天较多。

表 3.38　长沙县各月平均晴天和阴天日数

月		1	2	3	4	5	6	7	8	9	10	11	12	年
按总云量统计	晴天/d	5.0	1.3	2.0	0.9	3.3	1.5	1.9	3.7	5.4	5.1	5.8	6.3	42.2
	阴天/d	17.2	16.9	18.6	18.8	16.0	16.5	10.1	10.0	12.2	15.4	14.1	13.8	179.6
按低云量统计	晴天/d	8.8	4.7	5.8	6.4	9.4	8.2	12.6	12.9	10.8	11.5	12.1	11.2	114.4
	阴天/d	10.7	11.7	11.2	10.2	6.7	6.5	2.8	2.8	7.5	9.1	7.8	2.8	94.8

六、雾

雾是近地面的空气层中悬浮着大量微小水滴(或冰晶),使水平能见度降到 1 km 以下的天气现象。

长沙县多年平均年有雾日 22.3 d,最多的年有雾为 40 d,最少的年为 3 d(表 3.39)。在时间分配上,以冬春季较多,夏秋季较少。一般雾生成于夜间 3—5 时,消散于白天 8:30—10:30,持续 5~8 h,冬春季较长,夏秋季较短。

表 3.39　长沙县各月平均雾日

月份	1	2	3	4	5	6	7	8	9	10	11	12	年
雾日/d	3.9	2.3	2.5	2.0	1.1	0.5	0.1	0.2	1.1	2.0	3.5	3.8	22.3
最多雾日/d	14	4	7	4	5	2	1	2	3	9	13	10	40
最少雾日/d	0	0	0	0	0	0	0	0	2	1	0	0	3

七、降雪日与积雪日

1. 雪

雪是一种固态降水,大多是白色不透明的六处分枝的星状,六角形片状结晶,常缓缓飘落,强度变化较缓慢,气温较高时多成团降落。

(1)降雪日数

长沙县平均每年有降雪日数 10.4 d,最多年为 23 d。1 月份最多达 16 d。

(2)降雪的初终日期

降雪初日平均为 12 月 20 日,最早出现在 1970 年 11 月 16 日,最迟在 1 月 15 日;降雪终日平均为 2 月 28 日,平均初终间日数约 71 d。

2. 积雪

(1)积雪日数

长沙县多年平均年有积雪日数 4.8 d,最多年 17 d,初积雪平均日期为 1 月 9 日,终日平均为 2 月 14 日,积雪日数以 1—2 月最多,为 2.6~2.9 d,12 月和 3 月也偶见积雪。

(2)积雪深度

表 3.40 列出了长沙县历年各月平均降雪与积雪日数及最大积雪深度。由表可见,长沙县最大积雪深度为 20 cm,出现在 1979 年 1 月 31 日。

表 3.40　长沙县历年 1—3 月及 11—12 月各月平均降雪日数与积雪日数

	月份	1	2	3	11	12	年
降雪日数	平均/d	5.0	3.0	0.7	0.1	1.7	10.4
	最多/d	16	7	2	1	5	23
	最少/d	0	0	0	0	0	0
积雪日数	平均/d	2.3	1.5	0.2	0	0.8	4.8
	最多/d	12	8	2	0	5	17
	最少/d	0	0	0	0	0	0
	最大深度极值/cm	20	19	2	0	4	20
	日期/日	31	9	13	—	26	31/1
	年份	1979	1977	1957	—	1967,1971	1979

第四章　主要农业气象灾害及防御措施

危害长沙县农业生产的主要气象灾害有:春季寒潮、五月低温、暴雨、洪涝、干旱、高温热害与干热风、冰雹、大风、雷击、秋季低温、寒露风等灾害。需要采取有效农业防灾减灾措施,减小灾害损失。

第一节　春季寒潮

春季3—5月是长沙县早稻、中稻播种育秧、插秧和喜温作物育苗移栽以及油菜生长收割的季节,培育壮秧,防止烂秧死苗,是夺取全年农业生产丰收的关键之一。春季频繁的冷空气活动,造成剧烈降温,大风、阴雨寡照和局部地区的冰雹,对早稻、中稻育秧及蔬菜育苗极为不利。

一、冷空气、寒潮与倒春寒标准

冷空气:是指受北方冷空气侵袭,致使当地48 h内气温下降5 ℃以上,且有升压和转北风现象。

强冷空气:是指受北方冷空气侵袭,致使当地48 h内气温下降8 ℃以上,同时最低气温≤8 ℃,且有升压和转北风现象。

寒潮:是指受北方冷空气侵袭,致使当地48 h内气温下降12 ℃或以上,同时最低气温≤5 ℃,且有升压和转北风现象。

强寒潮:是指受北方冷空气侵袭,致使当地48 h内气温下降16 ℃或以上,同时最低气温≤5 ℃,且有升压和转北风现象。

春寒:是指3月中旬至4月下旬的旬平均气温低于该旬平均值2 ℃或以上。

倒春寒:是指3月中旬至4月中旬的旬平均气温低于该旬平均值2 ℃或以上,且低于前旬平均气温,则为倒春寒(表4.1)。

表4.1　倒春寒标准

等级	降温幅度(ΔT)
轻度倒春寒	$\Delta T > -3.5$ ℃
中等倒春寒	-5.0 ℃$\leqslant \Delta T \leqslant -3.5$ ℃
重度倒春寒	$\Delta T < -5.0$ ℃或多旬(含两旬)出现倒春寒

注:ΔT表示出现倒春寒的旬平均气温与历年同期旬平均气温的差值。

二、冷空气活动的一般规律

冷空气活动概率:根据1951—2010年3—5月的60年资料统计,长沙县3月冷空气活动占35%,4—6月占36%,5月份占29%。3月、4月平均每月有3次左右的冷空气活动,多的达4次,少的年只有1次,5月平均有2次,多的达4次。

在3—5月的冷空气活动中,达寒潮强度的占23%,中等冷空气占39%,弱冷空气占38%,3—5月寒潮平均每年有1.7次,中等冷空气每年有2.8次,弱冷空气每年2.8次。有的年份3—5月没有出现过一次寒潮,但有的年可出现4次(如1956年),中等冷空气每年都可出现。

各级强度的冷空气在3—5月期间出现的次数统计见表4.2。

表4.2　长沙县3—5月冷空气出现次数统计

月份	寒潮		中等冷空气		弱冷空气	
	次数	概率/%	次数	概率/%	次数	概率/%
3	64	26	104	43	76	31
4	52	21	108	43	92	36
5	44	22	60	29	100	49

从表4.2可以看出,3月、4月,各等级强度的冷空气出现概率基本上相近,只是4月的强度有所减弱;5月随着南方暖空气势力的加强,北方弱冷空气势力大为减弱,故以弱冷空气活动为主。

3—4月的冷空气活动,多出现在以下几个时段,即3月7日、11日、18日、23日前后;4月2日、8—10日、17—19日、23—25日前后;5月3—5日、10—13日前后。其中以3月18日、23日前后,4月2日、8—10日、23—25日以及5月3—5日,这6个时段出现的概率较大。就强度来看,3月18日前后以寒潮为主,23日前后以弱冷空气为主,4月2日前后以弱冷空气为主,4月8—10日以中等冷空气或寒潮为主,4月23—25日以中等冷空气为主,5月3—5日以寒潮为主。

冷空气活动出现的时间间隔:3月平均为6~8 d,4月为9~11 d。

3月中旬到4月底几次明显冷空气活动的情况是:①3月18日前后的一次寒潮强度偏强,出现概率为70%~80%。寒潮入侵后,气温下降幅度为7~10 ℃,日平均气温可降低至6 ℃左右,极端最低气温可降至3 ℃。随着气温的急剧下降,常伴有大风,偶尔可出现冰雹。阴雨天数可持续3~5 d,最长的可达20 d以上(1965年),最短的仅一天即转晴(1966年),冷空气过后,一般有3~5 d的回暖天气。②3月23日前后的一次冷空气,强度偏弱,弱寒潮出现概率为50%左右,寒潮出现的概率为33%,寒潮侵入时,可伴有大风或冰雹。日平均气温仍维持在8 ℃左右,阴雨天气≤3 d;4月2日前后的一次冷空气,强度偏弱,弱冷空气出现概率为50%左右,中等冷空气出现的概率为30%左右,冷空气侵入后,降温幅度较小,日平均气温下降5~6 ℃,日平均气温维持10 ℃左右,阴雨天气一般3~5 d。③4月8—10日的一次冷空气,强度偏强,中等冷空气或寒潮出现的概率为80%以上。日平均气温降幅在8 ℃以上,日平均气温可降到10 ℃以下,极端最低气温可降到6 ℃左右。冷空气侵入时常伴有大风或冰雹,阴雨天气可维持4~6 d,冷空气过后可出现3~5 d的回暖天气。④4月23—25日的一次冷空气活动,以中等冷空气为主,出现概率为60%左右。冷空气侵入后,日平均气温降温幅度可达7 ℃以上,日平均气温维持在12~15 ℃,阴雨天气持续3~5 d。冷空气侵入时常伴有大风,暴雨或冰雹等灾害性天气。

阴雨低温天气是由于冷空气活动所造成的阴雨低温天气,出现时间与冷空气入侵日期有关。若以3月日平均气温等于或小于10 ℃,4月日平均气温≤15 ℃,同一天降水量≥0.1 mm,作为3月、4月阴雨低温天气的标准,长沙县发生阴雨低温天气的主要时段为:3月1—7日、12—15日、19—21日、25—27日,4月12—14日五个时段。

回暖期天气是指寒潮或冷空气活动过程结束后,天气转晴,气温迅速回升,3月日平均气温上升到10 ℃以上,4月份日平均气温上升到15 ℃以上的日期。据历年资料统计,3月中旬到4月中旬期间的回暖期为:3月18—22日、26—30日、4月4日—7日。

从冷空气活动规律可以看出,从早春到初夏,冷空气势力处在逐渐减弱和衰退之中,3月上半月阴雨天气较多,气温较低,一般不适宜于早稻播种,3月下半月,特别是春分后(3月23日前后)的冷空气过程结束后,天气转晴,气温上升到10 ℃以上(日平均气温稳定通过10 ℃的平均初始日期为3月23日),一般有3~5个回暖天气,适宜于早稻播种育秧。但仍要注意防止后期冷空气的侵袭,特别要防止4月8—10日的一次较强冷空气所带来的阴雨低温和大风、冰雹等灾害性天气的危害。

三、冷空气来源的路径及其与天气的关系

侵入长沙县的冷空气,大多来自咸海以西、北欧或新地岛西北(共占70%左右)。春季冷空气越过40°N后,大多从东北方向侵入长沙县(占41%左右),从正北方侵入的次之(占33%),由西北侵入的最少(占26%)。

据资料统计,从正北方侵入长沙县的冷空气,阴雨天气一般在6 d以下,从西或西北方侵入的冷空气,阴雨天气在3 d以下,从东北侵入的冷空气,阴雨天气为3~6 d。

春季回暖天气出现的天气形势有三种:一是平直类东亚平槽型冷空气之后,很快出现3 d以上的回暖天气,可占该类型的70%;二是横槽东移减弱型和波动类贝加尔湖暖脊减弱型,常在阴雨天气之后出现,可能性为63%左右。在平直类东亚多波型冷空气入侵后,出现3 d以上回暖天气的概率为26%。所以,在3月波动类贝加尔湖暖脊减弱型中等强度的冷空气和横槽东移减弱型的强冷气之后,以及4月平直类东亚平槽型弱冷空气之后,常出现适宜于早稻播种的回暖期天气。

四、春季寒潮低温的防御措施

春季寒潮低温的防御措施是:①抓住冷尾暖头,适时播种早稻,减轻低温威胁,抓住冷空气入侵时浸种催芽,冷空气过后的回暖期适时播种,减轻倒春寒低温对早稻秧苗的危害。②根据天气及时采取保护措施防寒育壮秧。③科学管理,合理灌溉,施足底肥,以水调温,提高稻田泥温。④及时防治病虫害,减轻病虫害损失。

第二节　五月低温

五月,长沙县常受高空切变和地面静止锋影响,造成阴雨、低温寡照天气,影响早稻返青分蘖和幼穗分化使空壳秕粒增加,严重减产。

一、五月低温标准

五月低温定义为5月≥5 d日平均气温≤20 ℃,具体标准见表4.3。

表4.3　五月低温标准

等级	标准
轻度五月低温	日平均气温18~20 ℃连续5~6 d
中等五月低温	日平均气温18~20 ℃连续7~9 d
	日平均气温15.6~17.9 ℃连续7~8 d

等级	标准
重度五月低温	日平均气温 18～20 ℃连续 10 d 或以上
	日平均气温≤15.5 ℃连续 5 d 或以上

二、五月低温出现概况

据资料统计,5 月寒潮出现概率为 22%左右,中等冷空气出现概率为 29%,弱冷空气出现概率为 49%。

三、五月低温对早稻的危害及防御措施

1. 低温对早稻危害

5 月上旬日平均气温为 18～20 ℃连续 5 d 或以上,对早稻返青分蘖极为不利,常因低温阴雨连绵或暴雨摧残而引起大面积的僵苗死苗现象。

5 月中下旬低温,对早稻幼穗分化影响很大。幼穗分化期特别是花粉母细胞减数分裂期(抽穗前 12～16 d)对低温反应最敏感,低温对花粉母细胞发育有害,严重影响花器官的形成,可造成大量空壳。

2. 防御措施

防御措施:①合理选择品种,使幼穗分化期避开五月低温危害。②看天气移栽,选晴天移栽,早返青早生快发。③施足底肥,科学灌溉,提高泥温,促使早生新根,早分蘖。④科学灌溉,以水调温,幼穗分化期,遇低温灌深水,提高泥温,保护生长点,减轻低温威胁。

第三节　暴雨、洪涝

春末夏初,西太平洋副热副高压开始北进,南方海洋气流日渐增强,长沙县雨季开始。此时海洋上的暖湿气流源源不断地供应,高空有低槽、低涡、切变线、东风波、台风等天气系统影响,地面常有冷锋、静止锋的配合,气流辐合强烈,造成降水急,雨量多,强度大的暴雨。据历史资料统计,长沙县春、夏两季的降水量约占全年降水总量的 70%以上,5—7 月的暴雨天气占全年的 60%左右。雨季中降水量大、雨势猛的暴雨是造成长沙县洪涝的直接原因,短时的大量雨水倾流不及,极易造成山洪暴发,河水泛滥,城市渍水内涝,冲毁和淹没房屋、作物、田地、公路,严重损害农作物,直接威胁人民生命财产安全。因此,暴雨洪涝是长沙县的严重自然灾害之一。

一、暴雨洪涝的标准

暴雨是指一日降水量≥50.0 mm,按照湖南省地方标准,暴雨是指 24 h 降水量 50.0～99.9 mm;大暴雨是指 24 h 降水量 100.0～200.0 mm;特大暴雨是指 24 h 降水量＞200.0 mm。

二、暴雨强度

统计长沙县 1951—1980 年降水量资料,30 年平均每年暴雨日数为 4～6 d,其中日降水量≥50.0 mm 平均每年 3.7 d,最多可出现 9 d(1969 年,其中 4 月 1 d、5 月 1 d、6 月 3 d、7 月 2 d、8 月 2 d)。日降水量＞100.0 mm 年平均 0.5 d,最多年出现 5 d(1969 年);≥150.0 mm 年平

均 0.2 d,分别出现在 1964 年 6 月、1965 年 7 月、1969 年 8 月、1975 年 8 月、1980 年 8 月;1981—2010 年 30 年日降水量＞50 mm 的年平均日数为 4.2 d,最多年 9 d,出现在 1998 年(4 月 1 d,5 月 1 d,6 月 5 d,7 月 1 d,9 月 1 d),日降水量＞100 mm,年平均为 0.4 d,最多年为 2 d(出现在 2000 年 8 月 1 d、9 月 1 d;2005 年 5 月 1 d、8 月 1 d),见表 4.4。

表 4.4　长沙县暴雨次数统计

时间	1951—1980 年	1981—2010 年
≥50mm 日数/d	3.7	4.2
≥100mm 日数/d	0.4	0.4
一日最大降水量/mm	192.5	132.6
出现年份	1964	1998
日期	6 月 17 日	6 月 13 日
一次连续最大降水量/mm	433.3	347.8
出现年份	1958	1992
日期	4 月 30 日—5 月 22 日	3 月 27
最长连续暴雨日数/d	2	2
出现年份		1998
日期		6 月 13 日、6 月 14 日

一次暴雨在同一地区,多为一天即消失了,但也有连续出现暴雨的年份,如长沙县 1998 年 6 月 13 日降水量为 132.6 mm,6 月 14 日降水量又达 59.7 mm;一个月降水量最大为 573.1 mm,出现在 1998 年 6 月。

三、暴雨的形成原因

形成暴雨的天气条件有两个:①有充足的水汽输运;②有强烈的上升运动。长沙县春、夏暴雨的水汽输送与西太平洋副热高压脊的活动即从印度洋而来的西南气流的强弱密切相关。4 月开始,随着西太平洋副热带高压脊的增强西伸,西南暖湿气流增强,长沙县开始进入雨季,5 月西太平洋副热带高压脊线平均位置在 17°N 附近。长沙县进入暴雨季节。6 月西太平洋副热带高压脊线平均位置在 22°N 附近,是长沙县暴雨最多的时期,6 月下旬或 7 月初,西太平洋副热带高压脊线第一次稳定在 25°N 附近,长沙县雨季结束。7 月下旬,西太平洋副热带高压脊线抵达长江流域,由台风、东风波,赤道辐合带产生的暴雨开始,故 8 月又出现一年中第二个暴雨多的月。因此,西太平洋副热带高压南缘的东南气流与雨季结束前西太平洋副热带高压西部边缘的西南气流所提供的充沛的暖湿气流,是长沙县春夏暴雨水汽输送的主要来源。

有很多条件可产生空气上升运动,但冷空气活动可产生大范围的上升运动,是影响长沙县降水的重要天气系统。据统计,造成长沙县暴雨的影响系统,在 700 hPa 天气图上,主要有低槽、切变线和低涡等。5—6 月,有 92％的暴雨发生在切变线、低涡和低槽的影响之下,其中切变线的影响占 74％,低槽的影响占 18％,对应的形成暴雨的地面形势有冷锋、静止锋、气旋波、倒槽锋生等四类,其中冷锋 51％、静止锋 53％、气旋波 46％、倒槽锋生 40％可以产生暴雨。可见,有充沛的水汽输送,高空有低槽、切变线和它输送的冷平流所构成的锋区与辐合作用的配合,是长沙县暴雨形成的重要原因。

此外,在7月、8月,西太平洋台风若在我国东南沿海登陆,有时也能影响长沙县,带来大雨和暴雨,甚至造成洪涝灾害。如1969年8月9—11日台风影响长沙县时,雨大势急,长沙县高家场地方的京广铁路线被洪水冲坏,造成铁路运输中断。由此可见,台风也是盛夏造成长沙县暴雨洪涝灾害的一个重要天气系统。

第四节 高温热害与干热风

一、高温热害与干热风的标准

1. 高温热害

高温热害是指高温对农业生产、人们健康及户外作业产生的直接或间接的危害。高温热害的标准见表4.5

表4.5 高温热害等级标准表

等级	标准
轻度高温热害	日最高气温≥35 ℃连续(5～10 d)
中度高温热害	日最高气温≥35 ℃连续(11～15 d)
重度高温热害	日最高气温≥35 ℃连续16 d或以上

2. 干热风

干热风是指早稻灌浆成熟阶段日平均气温≥30 ℃,14时相对湿度≤60%,偏南风风速≥5.0 m/s连续3 d或以上的天气过程。

二、长沙县高温热害与干热风的出现规律及危害

长沙县的高温热害与干热风多出现在7—8月,主要高温热害的集中时段为:7月2—7日、9—15日、17—27日,7月29—8月10日,其中7月19—21日、7月20—8月2日,出现概率最大在50%以上。主要危害早稻灌浆成熟和中稻的抽穗扬花。

长沙县干热风出现的集中时段为7月2—7日,7月10—11日,7月23—24日,7月29—30日。其中以7月2—7日这一时段的干热风持续时间最长,出现概率在25%以上(即4年一遇),这时正值小暑节前后,故俗有"小暑南风十八朝,吹得南山竹叶焦"之说,主要危害灌浆成熟的早稻。

三、防御高温热害与干热风的措施

防御高温热害与干热风的措施为:①选用耐热性作物和品种,减轻高温、干热风危害。②适时播种移栽,避开高温热害与干热风威胁。如长沙县的主要高温热害与干热风集中时段在7月16日—8月15日,出现概率占86.7%。故一季中稻和一季晚稻抽穗开花期必须避开高温期,控制在8月16日—9月5日抽穗开花,则既可躲开高温热害又可避开秋季寒露风威胁。③合理灌溉、洒水、降温、喷洒植物生长调节剂。④植树造林,改善生态环境。⑤充分利用空中云水资源,实施人工增雨作业,改善田间小气候。

第五节　夏秋干旱

7—9月的夏秋季节,长沙县在西太平洋副热带高压控制下,天气炎热,少雨、气温高,南风大,蒸发强,而此时正值本地农作物生长旺盛需水最多的时期。常因缺水干旱而影响晚稻种植面积和一季稻正常抽穗开花,是制约水稻高产丰收的一个瓶颈,严重地影响全年的农业收成和工业用水及人们生活用水。

1. 干旱的标准

干旱是指因长期无雨或少雨,导致空气和土壤干燥的现象(见《大气科学名词》,科学出版社,2009)。

2. 干旱等级

按降水量多少分为一般干旱、大旱、特大旱三个等级。①一般干旱:出现一次连旱40~60 d或出现两次连旱总天数60~75 d,满足其中任意一条件即为一般干旱。②大旱:出现一次连旱61~75 d或出现二次连旱总天数76~90 d,满足其中的任意一条件即为大旱。③特大旱:出现一次连旱76 d或出现二次连旱总天数91 d以上,满足其中任意一条件即为特大旱。

按干旱出现的时间可分为:春旱、夏旱、秋旱和冬旱。①春旱是指3月上旬至4月中旬,降水总量比历年同期偏少4成或以上。②夏旱是指雨季结束至"立秋"前出现连旱。③秋旱是指"立秋"后至10月,出现连旱。④冬旱是指12月至次年2月,降水总量比历年同期偏少3成或以上。

一、干旱分布特点及规律

1. 干旱的强度及年际变化

近百年来,长沙县夏、秋干旱比较严重的年份有1921年、1925年、1928年、1934年、1940年、1945年、1954年、1955年、1959年、1960年、1963年、1964年、1966年、1967年、1971年、1972年、1973年、1980年、1984年、1986年、1988年、1991年、2000年、2003年、2007年、2011年。

长沙县干旱大致相隔3~6年出现一次,其中以1921年、1925年、1934年、1945年、1954年、1959年、1960年、1963年、1967年、1971年、1972年、1973年、1979年、1980年、1984年、1991年、1992年、2007年、2011年这19年干旱最为严重。

在1921—1935年和1959—1973年这两个时段内,大旱年比较频繁,而在20世纪40年代后期至50年代初、60年代后期、1981—2010年三个时段大旱比较少。

2. 干旱时间分布特点是秋旱多于夏旱

从干旱年旱期出现的时间来看,以两次旱期居多数。大旱之年常出现夏秋连旱,甚至出现夏、秋、冬连旱现象。第一次旱期常出现在6月底至7月份,然后旱象有所缓和,到8月中旬又开始第二次连旱,直至9月中、下旬结束。若"立秋"(8月8日)作为夏旱和秋旱的分界,则长沙县的秋旱多于夏旱。据资料统计,秋旱占49%,夏旱占41%,夏秋连旱占10%。

3. 干旱的地域分布特点是"块块旱、插花旱"

夏秋干旱几乎年年有,只是出现的范围和程度不同而已,形成"块块旱、插花旱"的特点。俗语"夏雨隔牛背"就是由于降水的不均匀而造成的降水地域分布特点。

二、干旱形成的原因

季风环流、降水量多少及分配、土壤性质及森林植被与耕作制度复种指数是形成干旱的主要因子。

1. 季风环流对天气气候的影响是形成长沙县干旱的主要原因

6月底7月初,随着西太平洋副热带高压势力的增强,北方冷空气与南方暖湿空气的交界面处在江淮流域,极锋雨带北移,长沙县雨季结束。7—9月在稳定而持久的西太平洋副热带高压控制下,天气晴热少雨,温度高,南风大,蒸发强烈,长沙县出现干旱。如果副热带高压过早或过晚地控制本地,则会导致严重的干旱。例如1959年西太平洋副热带高压势力较强,"北挺西伸"比常年更突出,7月上、中旬已控制本地。500 hPa高空天气图上,副热带高压脊线的位置稳定在27°N以上,588 dagpm等高线一直西伸过110°E以西地区,副热带高压稳定而持久地控制着长江中、下游地区,使北方的冷空气很少有机会影响长沙县上空,因而出现晴热少雨的天气,造成本地的严重干旱。由此可见,西太平洋副热带高压势力的强弱,进退时间的早晚,是影响长沙县夏秋干旱的严重程度和发生干旱早晚的主要原因。

7—9月长沙县总降水量为323.5 mm,只及双季早晚稻需水量的50%～70%,存在着显著的缺水现象,一遇降水量不均匀或者偏少,极易出现干旱。所以,长沙县的夏秋干旱出现频繁。

2. 由于大气环流的变化异常和复杂的地形影响

长沙县的降水在年与年之间和地域上的分布极为不均衡,这也是形成干旱频繁,具有"插花性、块块旱"特点的重要原因之一。7—9月平均降水变率在50%以上,最大可达212%,例如,1993年7月降水量为341.6 mm,而2003年7月降水量却只有10.6 mm,前者为后者的32.2倍;1931年7月降水量为344.8 mm,而1928年7月却只有1.0 mm,前者为后者的345倍。这种降水量的激烈变化是导致旱涝的直接原因。

3. 农业复种指数提高

加剧了水资源供不应求的矛盾。1949年长沙县复种指数为25.0%。1979年的复种指数达236%,而且又是以喜水的水稻为主,7—9月自然降水量只能保证双季晚稻需水量的24%左右,加剧了夏秋干旱的危害程度。

4. 城市化和工业化的加速发展

工业用水与城镇居民生活用水量猛增,也加剧了水资源供不应求的矛盾,降水稍少,旱象就明显了。

5. 工业环境污染

使水资源质量恶化,减少了可利用的清洁水资源。这也是近年干旱日愈严重的一个原因之一。

第六节　冰雹、大风

一、冰雹

冰雹是坚硬的球状、锥状或形状不规则的固体降水,通常与大风、暴雨伴随,造成农作物、房屋损坏,甚至砸死人畜。

1. 冰雹灾害标准

冰雹灾害标准见表 4.6.

表 4.6 冰雹灾害等级

等级	标准
轻度雹灾	雹块直径≤9 mm,持续时间短暂,雹粒小,损失较轻
中度雹灾	雹块直径 10～15 mm,持续时间较长(2～5 min),冰雹密度较大,地面有少量积雹,损失较重
重度雹灾	雹块直径≥16 mm,降雹持续时间大于 5 min,地面有大量积雹,造成人畜伤亡。

2. 冰雹发生概况

冰雹是天气在暖湿气流控制下遇强对流天气条件产生的灾害性天气,出现概率较小,影响范围有一定的局限性,但所到之处破坏性极大。

长沙县冰雹主要发生在春季的 1—4 月,平均每年出现 1 次左右,最多的年份可出现 8 次。1 月冰雹最多年份出现 5 次,2 月最多年份出现 3 次,3 月最多年份出现 4 次,4 月、5 月最多年份各出现 1 次。历年各月冰雹出现次数见表 4.7。

表 4.7 长沙县历年各月冰雹日数

月份	1	2	3	4	5	6	7	8	9	10	11	12	全年
平均/d	0.2	0.4	0.5	0.1	0.0			0.0				0.0	1.3
最多/d	5	3	4	1	1			1				1	8
最少/d	0	0	0	0	0			0				0	0

3. 冰雹的防御措施

冰雹的防御措施为:①加强冰雹预报,在冰雹到来之前采取抢收或防护措施。②开展人工防雹作业,在烤烟集中种植区域建立高炮防雹作业基地,在云层中播撒催化剂,促使冰雹变成降水。③植树种草,改善生态环境,破坏雹云形成条件。④购买农业灾害保险,减轻农户损失风险。⑤采取适宜补救措施,加强灾后田间管理,争取获得好收成。

二、大风灾害

大风灾害是指由大风引起建筑物倒塌、人员伤亡、农作物受损的灾害。

1. 大风灾害的标准

大风灾害的标准见表 4.8。

表 4.8 大风灾害等级标准

等级	标准
轻度风灾	风力大于等于 8 级,小于 9 级,农作物受灾轻,财产损失少,无人、畜伤亡
中度风灾	风力大于等于 9 级,小于 10 级,农作物和财产受损较重,人畜伤亡较少
重度风灾	风力大于等于 10 级,农作物、财产损失与人畜伤亡严重

2. 大风灾害发生概况及成因

长沙县大风的形成原因有三个:一是寒潮大风,由于寒潮入侵时气压梯度较大而形成,以

1—3月、10—12月为多;二是雷雨大风,在暖湿气流条件下,由于强烈的气流辐合作用形成,以4—6月为多;三是偏南大风,由于高空偏南气流与强劲的地面偏南气流相互叠置而形成,8月出现较多。

长沙县大风平均每年出现6~7次,最多的年有14次。各月都有大风出现,但以春夏之交和秋冬季节转换的过渡时期出现的大风次数最多,如4月平均出现大风1.2次,最多年份出现5次;8月平均1.3次,最多年份出现3次。7月最多年份出现大风4次,11月最多年份出现大风4次。历年各月大风日数见表4.9.

表4.9　长沙县历年各月大风数

月份	1	2	3	4	5	6	7	8	9	10	11	12	全年
平均/d	0.1	0.4	0.7	1.2	0.6	0.3	0.8	1.3	0.4	0.3	0.5	0.1	6.8
最多/d	2	2	3	5	2	2	4	3	2	3	4	1	14
最少/d	0	0	0	0	0	0	0	0	0	0	0	0	0

3. 大风灾害的防御措施

大风灾害的防御措施:①植树造林,营造防风林带和风障,减轻大风灾害。②种植抗风性强的农作物品种。③加强对大风的监测和预报,完善和健全防灾减灾体系,做好防御大风的准备工作,减轻风灾危害。④加强田间管理,促进作物根系和茎秆发育,提高抗风能力。

第七节　雷　　击

雷暴是在强对流天气条件下发生的天气现象。

一、雷击灾害发生概况

长沙县雷暴终年皆有发生,但以春夏季出现最多。10月至次年1月强对流天气少,空气中水汽也不多,雷暴发生少,平均每年仅0.2~0.5 d,即2~5年一遇。4月和7月、8月最多,平均每月雷暴日为6 d左右。其他月为2~5 d(表4.10)。

雷暴出现的平均初日为2月8日,最早为1月10日,最迟出现为3月12日。

雷暴平均终日出现在10月15日,最早出现在9月2日,最迟出现在12月19日。初终间日数平均为251 d。

雷暴持续时间一般在4 h以下,以持续2 h以下者最多,4 h以上也偶尔出现。2—8月曾出现过雷暴持续时间6 h以上的纪录。

表4.10　长沙县各月雷暴日数

月份	1	2	3	4	5	6	7	8	9	10	11	12	全年
平均/d	0.3	2.3	4.5	6	3.9	4.4	5.5	6.9	1.6	0.4	0.4	0.2	36.4
最多/d	3	8	16	17	9	15	15	14	6	7	3	4	52
最少/d	0	0	0	0	0	0	0	0	0	0	0	0	15

强雷暴天气往往会发生雷击,造成人畜伤亡,房屋烧毁,击断树林、电杆、电线,击毁电器等,造成人身生命财产的严重伤亡损失。

二、雷击灾害的防御措施

雷击灾害的防御措施为：①做好雷电灾害的预警、预报服务工作，普及雷电科学知识。②做好建筑物防雷设施的安装，应包括接地体、引下线、避雷网络、避雷带、避雷针、均压环、等电位、避雷器八个技术环节的现代雷电的综合防护装置。③定期做好防雷设施的检测工作。④雷电发生时应注意做好防护工作，主要是留在室内，关好门窗；关上电器和天然气开关，不要使用无防雷措施或防雷措施不齐的电器；切勿接触天线、水管、铁丝网、金属门窗、建筑物外墙等带电设备或其他类似金属装置；不要或减少使用电话和手机；雷电天气切勿游泳，不要使用带金属杆尖的雨伞；不宜骑自行车、驾驶摩托车和手扶拖拉机。

第八节　秋季寒露风

寒露风是指 9 月中、下旬日平均气温≤20 ℃连续 3 d 或以上的阴雨低温天气过程。

一、寒露风的标准

寒露风的等级标准见表 4.11。

表 4.11　寒露风等级标准

等级	标准
轻度寒露风	日平均气温为 18.5～20.0 ℃，连续 3～5 d
中度寒露风	日平均气温为 17.0～18.4 ℃，连续 3～5 d
重度寒露风	以下达到其中任意一条，即为重度寒露风 日平均气温≤17.0 ℃连续 3 d 或以上 日平均气温≤20.0 ℃，连续 6 d 或以上

寒露风俗称"秋分暴""社风"，通常是指秋分至寒露期间出现的冷空气活动。由于冷空气活动造成的低温危害，对不同耐寒性能的晚稻品种的影响有差异。多年试验研究表明，一般耐寒性能较强的粳稻型品种，在日平均气温连续 3 d 或以上低于 20 ℃的低温阴雨天气条件下，抽穗扬花将受到不同程度的危害；而耐寒性较弱的晚籼稻品种，一般日平均气温连续 3 d 或以上低于 22 ℃就对抽穗开花有影响；杂交晚稻感温性较强，抽穗开花对温度的要求更高，一般日平均气温连续 3 d 或以上低于 23 ℃时，就不利于开花授粉。

二、寒露风出现时段及晚稻安全齐穗期

长沙县历年（1950—2011 年）日平均气温稳定通过 20 ℃终日出现在不同时段的频率和保证率见表 4.12。

表 4.12　长沙县历年日平均气温稳定通过 20 ℃终日频率

月份	日期/日	出现频数/次	百分率/%	保证率/%
9	11—15	6	9.68	100
	16—20	7	11.29	90.32
	21—25	9	14.58	79.03
	26—30	14	22.58	64.51

月份	日期/日	出现频数/次	百分率/%	保证率/%
10	1—5	12	19.35	41.93
	6—10	7	11.29	22.58
	11—15	6	9.68	11.29
	16—20	—	—	—
	21—25	1	1.61	1.61

由表 4.12 可看出,历年日平均气温稳定通过 20 ℃终日 90％保证率日期出现在 9 月 16—20 日,常规晚稻在 9 月 20 日前齐穗,则十年中有九年不受低温危害,越往后,安全保证率越小,受低温危害的风险越大。

历年(1950—2011 年)日平均气温稳定通过 22 ℃终日 80％保证率统计结果见表 4.13。

表 4.13 长沙县历年日平均气温稳定通过 22 ℃终日保证率

月份	日期/日	出现频数	百分率(%)	保证率(%)
9	1—5	6	9.68	100
	6—10	12	19.35	90.32
	11—15	9	14.52	70.97
	16—20	12	19.35	56.45
	21—25	9	14.52	37.10
	26—30	7	11.29	22.58
10	1—5	4	6.45	11.29
	6—10	3	4.84	4.84

由表 4.13 可看出,1950—2011 年日平均气温稳定通过 22 ℃终日占 90％保证率出现在 9 月 10 日左右。

籼型杂交晚稻在 9 月 10 日抽穗开花,则十年有九年不受低温寒露风危害,愈往后,安全保证率越小,受低温危害的风险越大。

三、秋季低温寒露风的防御措施

秋季低温寒露风的防御措施为:①选用耐低温品种。②掌握秋季低温寒露风规律,适时播种,抽穗开花期避开低温寒露风危害,施行安全栽培。③加强秋季低温寒露风预报研究,提高长期气候预测水平,及早做好品种安排,增强抵御秋季低温寒露风的综合实力,减轻损失。④以水调温,改善田间小气候,提高抗御低温寒露风的能力,减轻危害。⑤早施肥,促进禾苗早生快发。抽穗前 10～18 d 增施壮籽肥,可提早 1～3 d 抽穗,有利于躲避寒露风冷害,降低空秕率。⑥采取应急措施,抽穗开花期发生冷害时,喷施赤霉素,增产灵,2.4-D 尿素、磷酸二氢钾、氯化钾等可减少空秕率;喷施叶面抑制蒸发剂在 1～2 d 内可提高叶温 1～3 ℃,在 3～5 d 内仍有增温效果。

第九节　冰　　冻

一、冰冻概况

1. 冰冻的种类

冰冻是空气中过冷却水滴、毛毛雨滴或雾滴在寒冷的树木、竹林电线、房屋等近地面物体上形成的一种冻结物,包括雨凇、雾凇、冻结雪、湿雪层。

根据长沙县气象观测资料统计,冰冻现象以雨凇为主。雨凇出现频率占 93%,冻结雪出现频率占 3%,湿雪层占 4%。

雨凇常在气温的 0~3 ℃的条件下形成,是由过冷却雨滴或毛毛雨滴下降遇寒冷的物体表面冻结而形成的一种冰壳层,因过冷却雨滴或毛毛雨滴在冻结过程中释放潜热,使其冻结速度减慢,使刚碰上物体表面的过冷却雨滴或毛毛雨滴能散汇成一层水膜,冰结时水膜便凝结成密实、光滑,有时呈透明的玻璃状冰壳。

冻结雪是降雪时由于湿雪黏附在电线、树枝等近地面物上面而完全冻结成的一层冰层。

雾凇可分为粒状和晶状两种,是在严寒时气温在 -7~-2 ℃或更低温度的条件下,由过冷雾滴冻结或由水汽直接升华而凝成。

2. 冰冻的危害

冰冻是长沙县冬季重要的灾害性天气灾害。由于它凝聚在物体的表面,严重时会折断树枝和楠竹、电线,压断电杆、房屋,冻坏冻死耕牛和农作物,甚至破坏路面、阻碍交通、冻破水管,严重影响工农业生产、交通运输和人民生活。

二、冰冻强度及时空分布特点

1. 冰冻强度及时间分布

以冰冻连续出现日数为标准,则:连续冰冻日数 1~3 d,为轻度;连续冰冻日数 4~6 d 为中度;连续冰冻 7 d 或以上为严重。据此标准统计长沙县 1953—2010 年的 57 年中有 29 年出现冰冻。其中,轻度 13 年,占 44.8%;中等冰冻 9 年,占 31.1%;严重冰冻 7 年,占 24.1%。

2. 冰冻时间分布特点

(1)前多后少

1953—1980 年的 27 年出现冰冻灾害的有 17 年,平均 1.59 年出现 1 次。其中,轻度 6 年,占 35.3%;中度 5 年,29.4%;重度 6 年,占 35.3%。

1981—2010 年的 30 年中出现冰冻 12 年,平均 2.5 年出现 1 次。其中,轻度 7 年,占 58.3%;中度 4 年,占 33.3%;重度 1 年;占 28.4%。

(2)前密后稀

1953—1980 年的 27 年中,连续出现 5 年空 1 年 1 次;连续出现 2 年空 2 年 1 次;连续出现 2 年空 1 年 2 次;连续出现 1 年空 1 年 2 次;连续出现 1 年空 2 年 1 次;连续出现 3 年空 1 年 1 次。

1981—2010 年的 30 年中出现冰冻 1 年空 1 年 2 次;出现连续 3 年空 1 年 2 次;出现 1 年空 4 年 1 次;出现 1 年空 11 年 1 次。

三、冰冻事件

1. 第 1 次冰冻(大冰冻)

1954 年 1 月—1955 年 1 月全年冰冻日数 14 d,是 1929 年以来罕见的大冰冻。其中:1954 年 12 月 27 日—1955 年 1 月 6 日,连续冰冻 248.5 h,1955 年 1 月 11 日,极端最低气温 −8.2 ℃,塘水结冰,竹木冻死折断 40%,柑橘冻死 60%,次年柑橘减产 50%。

2. 第 2 次冰冻(中等冰冻)

1956 年 12 月 17 日—1957 年 3 月 13 日,冰冻日数 10 d,其中:1957 年 1 月 12—17 日持续冰冻 111.5 h,冰冻最大直径 50 mm,最大重量 472 g/m,2 月 7 日极端最低气温 −8.4 ℃,电信线路中断多处。

3. 第 3 次冰冻(中等冰冻)

1969 年 1 月 26—31 日和 1969 年 2 月 13—27 日出现两次冰冻,全年冰冻日数 12 d。其中,1969 年 1 月 28—30 日,持续冰冻 54.4 h,最大直径 10 mm,1969 年 1 月 31 日极端最低气温 −9.5 ℃,压断压倒电线、电杆,冻断树木楠竹,冻死柑橘。

4. 第 4 次冰冻(中等冰冻)

1971 年 12 月底—1972 年 2 月初,出现两次冰冻过程,冰冻日数 6 d,2 月 9 日极端最低气温 −11.3 ℃,冻死树木,冻断楠竹,造成交通中断。

5. 第 5 次冰冻(大冰冻)

1976 年 12 月 30 日—1977 年 2 月初,持续冰冻 7 d,其中 1977 年 1 月 27—31 日持续冰冻 100.1 h。1977 年 1 月 30 日极端最低气温 −9.0 ℃,冻死柑橘 40%。

6. 第 6 次冰冻(大冰冻)

1991 年 12 月 25—29 日,受强寒潮影响,出现了严重冰冻天气。12 月 29 日极端最低气温 −11.7 ℃,柑橘受冻损失严重。

7. 第 7 次冰冻(大冰冻)

2008 年 1 月 13 日—2 月 4 日,持续冰冻日数 19 d,2 月 3 日极端最低气温 −5.9 ℃。是长沙有气象记录以来持续时间最长危害损失最严重的一次大冰冻灾害。

四、历年冰冻资料

1953—2010 年 57 年中出现冰冻年份的冰冻、雨凇日在冬季和春初的分布如表 4.14 所示。

表 4.14 长沙县 1953—2010 年出现冰冻年的冰冻、雨凇日数统计(单位:d)

年份	12 月	1 月	2 月	3 月	年	年份	12 月	1 月	2 月	3 月	年
1953—1954	0	3	0	0	3	1977—1978	0	0	2	0	2
1954—1955	5	7	2	0	14	1978—1979	0	2	0	0	2
1955—1956	0	5	0	0	5	1980—1981	0	5	0	0	5
1956—1957	2	6	1	1	10	1982—1983	0	3	0	0	3
1957—1958	0	2	1	0	3	1983—1984	0	1	4	0	5

年份	12 月	1 月	2 月	3 月	年	年份	12 月	1 月	2 月	3 月	年
1959—1960	0	4	0	0	4	1984—1985	4	0	0	0	4
1960—1961	1	0	0	0	1	1986—1987	0	2	0	0	2
1963—1964	0	0	9	0	9	1987—1988	0	3	0	0	3
1965—1966	1	0	2	0	3	1988—1989	0	2	1	0	3
1966—1967	7	0	0	0	7	1990—1991	3	0	0	0	3
1968—1969	0	5	7	0	12	1995—1996	0	1	0	0	1
1969—1970	0	3	0	0	3	2007—2008	0	17	2	0	19
1971—1972	0	4	2	0	6	2008—2009	2	0	0	0	2
1973—1974	0	4	2	0	6	2009—2010	0	3	1	0	4
1976—1977	0	7	0	0	7						
1981—2010 年合计	10	31	8	0	49	1953—2010 年合计	27	84	41	1	153
最多	4	17	4	0	17	最多	7	17	9	1	17
最少	0	0	0	0	0	最少	0	0	0	0	0

五、冰冻灾害的防御措施

（1）做好冰冻灾害预报，树立防灾抗灾意识。

（2）做好果树作物防冻，选择特殊地形的小气候区域，做好果树作物的避冻栽培区划工作。

一是根据区划合理安排种植区域，躲开和减轻冰冻害的威胁；二是采取防冻措施，减轻果树作物冻害损失。

①覆盖保温法：选用不同的覆盖物保护农作物、果树，隔离地上或地下部，隔开外界冷源，减少有效辐射和防御冷风侵袭，如盖大棚、设风障、培土，施肥、扎草、地膜覆盖等。

②物理措施增温法：采用鼓风、熏烟等物理措施提高近地层温度，如在柑橘等果园安装鼓风机，熏烟可提高近地层气温 2～3 ℃，减轻冻害。

③采用化学药剂防御冻害，如冬前对柑橘喷施生长激素，使柑橘停止冬前营养生长，在冻前喷施抑蒸保温剂，可减少植株蒸腾耗热，提高树体温度 2～4 ℃。

（3）作好城市公用建筑设施的防冻工作。

①在冰冻来临前做好公用设施的安全检测工作。

②采用物理措施，减轻冰冻灾害损失，如水管包扎保温，电线融冰，清除道路冰冻积雪，做好车辆冻前防冻准备工作等，减轻冰冻危害损失。

（4）关注冰冻天气，做好防寒保健工作，增强体质减少疾病。

第五章　长沙县农业气象灾害风险区划

第一节　农业气象灾害概述

长沙县虽然气候资源丰富,但由于受地形和天气系统的影响,也是气象灾害频发的区域。重大的农业气象灾害主要有干旱、洪涝及低温冷害(倒春寒、五月低温、寒露风),其次还有连阴雨、高温热害、大风、冰雹、霜冻等。在众多的农业气象灾害中,以干旱和洪涝影响为甚,其次为低温灾害。为摸清这些主要农业气象灾害的地域分布特征,利用1961—2013年长沙气象资料和周边气象站台的资料,利用GIS(地理信息系统),结合农业气象灾害指标,系统地分析了主要农业气象灾害时空分布特征,并提出防灾减灾应对措施,为农业生产防灾避害提供理论依据。

农业气象灾害根据DB43/T 234—2004《气象灾害术语和等级》划分,灾害风险指数评价指标引用了相关研究成果,灾害气候风险指数 I(某种灾害的不同强度指数 S 及其相应出现频率 P 的函数)作为灾害区划指标,其表达式为:

$$I_j = F(S,P) = \sum_{i=1}^{3} S_i \times P_i$$

式中,下标 i 为灾害强度($i=1$ 为轻度灾害,$i=2$ 为中度灾害,$i=3$ 为重度灾害);S_i 为灾害强度指数;P 为灾害发生频次;下标 j 为灾害类别。

基于多种农业气象灾害气候风险指数,根据长沙县地形地貌、农业布局、各地防灾减灾能力的差异,通过专家打分法开展农业气象灾害综合风险区划。

由于农业气象灾害风险评定基本上基于气象灾害的强度和发生频率,而地形地势、作物的布局、防灾抗灾能力等因素考虑较少,因此,制作完成的气象灾害风险图与实际灾害发生情况可能存在一定的差异,但对指导防灾抗灾救灾仍具有较强的指导意义。

第二节　长沙县农业气象灾害风险区划

一、暴雨洪涝

洪涝指因大雨、暴雨或持续降雨使低洼地区淹没、渍水的现象。不同类别的洪涝对农业影响不同:洪水是由于大雨或暴雨引起山洪暴发,河水泛滥,淹没作物或农田、农业设施等;涝害是由于雨量过大或降水过于集中,造成农田积水,使作物部分或全部淹没在水中,所以也称"淹涝";涝害主要发生在排水不畅的低洼地带或河道周边。实际上,洪涝灾害有时是洪水、涝害、湿害交替影响,有时同时发生。长沙县春、夏季节多暴雨或集中强降水,易造成洪涝多发,特别是雨季的4—6月,降水更集中,更易发洪涝。

1. 区划指标

根据 DB43/T 234—2004《气象灾害术语和等级》洪涝指标,将洪涝灾害分为三个等级:

轻度洪涝(1 级):(4—9 月)任意 10 d 内降水总量为 200～250 mm;

中度洪涝(2 级):(4—9 月)任意 10 d 内降水总量为 251～300 mm;

重度洪涝(3 级):(4—9 月)任意 10 d 内降水总量为 301 mm 以上。

洪涝气候风险指数=1 级年频次×1/6 + 2 级年频次×2/6 + 3 级年频次×3/6。

2. 洪涝灾害风险等级分布

根据上述指标,长沙县的洪涝灾害分为高风险区和中等风险区,其中,高风险区主要分布在长沙县以南的乡镇,包括北山镇、安沙镇、果园镇、春华镇、星沙镇、黄花镇、榔梨镇、干山乡、江背镇、暮云镇、跳马乡等地。中等风险区主要位于长沙县的北部,包括开慧乡、白沙乡、金井乡、双江乡、福临镇、高桥乡、青山铺镇、高桥镇、路口镇等地(图 5.1)。

图 5.1　长沙县洪涝灾害风险等级分布

3. 洪涝灾害对农业生产的影响及对策

(1)洪涝灾害危害

按照发生季节,洪涝灾害可分为春涝、夏涝、秋涝,不同季节的洪涝对农业生产影响不同。①春涝。虽有强降水发生,但持续时间不长,主要造成地势低洼地段农田积水,引起春季作物烂根、早衰,还可诱发病害发生流行。②夏涝。春末夏初,由于前期降水较多,塘坝水库蓄水较充足,仲夏以后的暴雨洪涝易形成严重的大范围灾害,对农业生产而言,造成田间积水,作物倒伏,成熟期作物发芽霉烂,旱地作物烂根,灌浆成熟推迟。此外,还可造成房屋倒塌,道路损坏等。③秋涝。秋涝虽然发生概率较低,但一旦发生,对双季晚稻、蔬菜等秋收作物生长、发育和产量影响较大,仲秋以后的秋涝,还会影响秋收秋种。

(2)洪涝灾害防御

洪涝灾害防御措施:①兴修水利。根据地形地势特点,整治病险塘坝水库,疏通沟渠,保障小流域水利畅通。②植树造林。增加森林覆盖面积,既能储集水分于森林土壤中,又能减少地表径流和水土流失。③因地制宜发展特色农业。低洼易涝地区应调整农业结构,发展水产养殖,选择性地种植经济价值较高的耐涝作物。④合理调控水库蓄水量。由于降水量年际间存在较大差异,根据天气预报,合理调控水库蓄水,在强降水来临之际,做到有水能蓄而不致灾。⑤及时救灾。在洪涝灾害发生时,根据受灾情况,及时救灾,尽量减轻洪涝造成的危害。

二、干旱

长沙县一年四季均可出现干旱,按出现季节可分为春旱、夏旱、秋旱、冬旱以及夏秋连旱。虽然各季均有干旱发生,但危害严重的是夏旱、秋旱和夏秋连旱。干旱是该区域影响最大的气象灾害,发生频率高,影响范围广。2013年长沙县雨季降水偏少,旱季降水严重不足,出现了1951年以来罕见的干旱,对农业生产造成了严重的危害。

1. 区划指标

根据湖南地方标准,结合主要农作物需水时段,选择4—9月降水量距平百分率(P_a)作为气象干旱指标。降水量距平百分率计算方法如下:

$$P_a = \frac{P - \overline{P}}{\overline{P}} \times 100\%$$

式中,P 为4—9月降水量(mm),$\overline{P}$ 为计算时段同期气候平均降水量。

轻度气象干旱(1级):$-30\% < P_a \leqslant -20\%$;

中度气象干旱(2级):$-40\% < P_a \leqslant -30\%$;

重度气象干旱(3级):$-50\% < P_a \leqslant -40\%$;

特重气象干旱(4级):$P_a \leqslant -50\%$。

干旱气候风险指数=1级年频次×1/6 + 2级年频次×2/6 + 3级年频次×3/6。

2. 干旱灾害风险区划

根据上述指标,长沙县的干旱灾害分为中等风险区和低风险区。其中,中等风险区主要位于长沙县中南部的乡镇,包括北山镇、安沙镇中部、果园镇北部、星沙镇、黄花镇西南部、榔梨镇北部、黄兴镇、跳马乡和暮云镇。其他乡镇均为低风险区(见图5.2)。

3. 干旱的危害及对策

(1)干旱的危害

长沙县四季均可发生干旱,春季干旱主要影响春插阶段,虽不会对作物构成致命的危害,但由于降水偏少,对春耕生产进度会有一定的影响。夏、秋干旱对农业生产危害最大,特别是在双季晚稻移栽、分蘖期遭遇干旱,致使晚稻无法栽插或分蘖数减少,影响大田基本苗数,严重的干旱将导致作物大幅减产或绝收。冬季干旱主要影响冬季作物正常生长,影响壮苗,死苗现象较少发生。

(2)干旱防御对策

干旱防御对策:①保障河渠畅通。在一些易旱区域,对塘坝沟渠进行冬修,同时提高农田

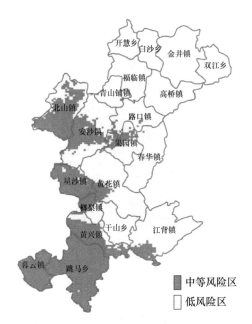

图 5.2　长沙县干旱灾害风险等级分布

灌溉能力。②改进种植模式。各地根据灌溉条件的差异,对"天水田"或灌溉条件较差的耕地,可种植早稻＋旱作的种植模式,尽量不要种植一季稻,一旦发生干旱,可能造成颗粒无收。③植树造林。改善区域气候,减少蒸发,降低干旱的危害。④人工增雨。在干旱发生时,及时开展人工增雨作业,可缓解或解除干旱的威胁。

三、高温热害

高温是指日最高气温≥35 ℃的天气,高温热害是指连续 5 d 以上出现高温天气。雨季结束后,受副热带高压的控制,往往以晴热高温天气为主,因此高温热害集中期主要出现在 7 月中旬—8 月中旬,且呈从丘岗区向平原区减少的分布趋势。

高温往往伴随干旱,持续高温天气,导致蒸发量增加,往往引发大面积干旱,致使河流断流,山塘水库干枯,造成农业用水和城市供水、供电紧张,给社会经济发展带来严重的危害。

1. 区划指标

根据 DB43/T 234—2004《气象灾害术语和等级》高温热害(连续 5 d 或以上日最高气温≥35 ℃)定义,将高温热害分为三个等级:

轻度高温热害(1 级):日最高气温≥35 ℃连续 5～10 d;

中等高温热害(2 级):日最高气温≥35 ℃连续 11～15 d;

重度高温热害(3 级):日最高气温≥35 ℃连续 16 d 或以上。

高温热害气候风险指数＝1 级年频次×1/6 ＋ 2 级年频次×2/6 ＋ 3 级年频次×3/6。

2. 高温热害风险区划

根据上述指标,长沙县的高温热害分为高风险区和中等风险区,其中,高风险区覆盖范围广,除部分海拔较高山区外,其他地方均为高温热害高风险区。中等风险区为金井镇北部、双江乡东北部局部等海拔较高丘陵地带(图 5.3)。

图 5.3　长沙县高温热害风险等级分布

3. 高温热害的危害及对策

(1)高温热害的危害

高温热害的危害对象：①水稻。早稻开花授粉遇高温热害,导致空粒率增加;灌浆成熟期遇高温热害,造成高温逼熟,致使千粒重下降,晚稻在移栽分蘖期遇高温热害,造成分蘖速度减慢,甚至出现高温灼苗现象。②蔬菜。夏季晴天中午,菜地土壤表面温度常达 40～50 ℃,高温抑制根系与植株生长,诱发病虫害,导致产低质劣;夏季晴天中午高温强光灼伤植株,导致叶片萎蔫,光合能力降低;夏季雨后转晴曝晒,土壤表面温度急剧上升,土壤表面水分汽化热使叶片烫伤,造成果菜类蔬菜落花落果等。③果树。夏季日灼常常在产生干旱的天气条件下,主要危害果实和枝条皮层,由于水分供应不足,使植物蒸腾作用减弱。在夏季灼热的阳光下,果实和枝条的向阳面剧烈增温,因而遭受伤害。受害果实的表面出现淡紫色或淡褐色的干陷斑,严重时出现裂果,枝条表面出现裂斑。夏季日灼实质是高温和干旱失水的综合危害。

(2)高温热害防御对策

高温热害防御对策:针对水稻,①适时播种。双季早稻播种期最好安排在 3 月 25 日之前,确保在 6 月中旬齐穗,尽量避开盛夏高温酷暑对开花齐穗及籽粒灌浆的危害。②适度深灌,降低田间温度。在灌浆成熟期遇高温热害,应适当增加稻田灌水深度,提高根系的吸水能力,增加气孔蒸腾强度,降低叶面温度。③喷施生长调节剂。早稻田高温酷热期间,在适度增加田间水分的同时,喷施"谷粒饱",提高叶片光合作用和籽粒活力,延缓叶片衰老,提高结实率和饱满度。

四、倒春寒

每年 3 月中旬至 4 月下旬,是早稻大面积播种、育秧、移栽和油菜开花、结荚、壮籽等重要农事季节。正常情况下这段时间的天气是逐渐转暖的。但是,由于这段时间内冷空气势力仍较强,如果正巧遇到势力相当的暖湿气流,冷暖空气在华南、江南一带形成胶着形势,就会在江南形成长时间的低温淫雨天气,天气非但没有继续转暖反而比前期更冷,当达到一定程度时,就形成了"倒春寒"。主要影响双季早稻育秧,会造成烂种、烂秧;还会造成油菜授粉不足、结荚率降低、阴角率升高。

1. 区划指标

3月中旬至4月下旬任意10 d平均气温低于历史同期平均值2 ℃或以上,并低于前10 d平均气温,则该10 d为倒春寒。ΔT_i表示出现倒春寒的连续10 d平均气温与历年同期平均气温的差值。

轻度倒春寒(1级):$-3.5<\Delta T_i\,℃\leqslant-2.0$;

中度倒春寒(2级):$-5.0\,℃<\Delta T_i\leqslant-3.5\,℃$;

重度倒春寒(3级):$\Delta T_i<-5.0\,℃$或多段(含两段)出现倒春寒。

倒春寒气候风险指数=1级年频次×1/6 + 2级年频次×2/6 + 3级年频次×3/6。

2. 倒春寒灾害风险区划

根据上述指标,长沙县的倒春寒灾害分为中风险区和低风险区。其中,中风险区覆盖范围较广,几乎覆盖有所乡镇。除双江乡大部、金井镇西北部、北山镇西北部、高桥镇东部、江背镇东北部为低风险区外,其他乡镇均为中风险区(图5.4)。

图5.4　长沙县倒春寒灾害风险等级分布

3. 倒春寒危害及对策

(1)倒春寒的危害

倒春寒是长沙县春播和幼苗期间的主要灾害性天气之一,往往与阴雨寡照相天气伴随,是造成早稻烂种、烂秧的主要原因。如遇倒春寒天气,不仅造成早稻烂种、烂秧,而且因补种延误播种季节,使早稻成熟期延迟;此外,造成春季蔬菜生长缓慢,根系腐烂,诱发病虫害的发生,产量降低;对正处于开花授粉的油菜,造成角果发育不正常。

（2）倒春寒防御对策

倒春寒防御对策：①双季早稻。一是确定双季早稻的适宜播种和移栽期。根据气候条件和当地周年生产实际情况，长沙县水稻露地育秧安全播种期为 3 月 25 日左右，如考虑适度风险（50% 以上的保证率），播种期可适当提前 3～5 d，但不可盲目抢季刻意提早。二是抓"冷尾暖头"天气播种。对尚未播种的早稻，在倒春寒天气期间，注意抓住"冷尾暖头"天气，抢在回暖天气前夕播种下泥；对已浸种的早稻种子因低温阴雨而无法下泥的，应均匀摊开放在室内，并注意经常翻动，降低芽谷温度、减缓芽谷出芽速度、减少烂芽。三是大力推广旱育秧与软盘抛栽技术。旱育秧的秧苗根系生长较旺盛，耐低温能力强，成秧率高，秧龄弹性大；软盘抛栽后返青快，有利于早稻的早生快发。水育秧时，应注意采用多层薄膜覆盖，提高秧田的地温，要注意在气温回升较高时及时通风透气，防止晴天中午因温度过高而造成"烧苗"现象。四是合理水、肥管理，科学用肥、用药。在育秧期间，注意采用以水调温办法，做到"冷天满沟水、阴天半沟水、晴天排干水"；同时，早稻谷种扎根扶针后要以有机肥适当催苗，三叶期施"送嫁肥"；适当喷施多效唑，以增强秧苗的抗逆性、提高秧苗素质。五是搞好秧田管理。秧苗扎根扶针之后灌浅水，强寒潮时灌深水是防止死苗烂秧的有效措施。在秧苗一叶一心期发生青枯死苗或黄枯死苗之前，用 65% 可湿性敌克松 500～1000 倍液均匀浇洒，可有效预防死苗发生；在发生之后，又可用来防治。六是及时补种。如遇严重的低温连阴雨天气或重度以上的"倒春寒"，造成秧苗死亡较多，要及时补种。②春播蔬菜。一是早播蔬菜采取农膜育苗。如遇长期低温寡照天气或"倒春寒"，春季早播蔬菜棚要盖好农膜，并加固四周。由于春播蔬菜面积较小，遇长期低温天气，还可适当采取人工增温措施。二是移栽后采取薄膜覆盖。早春蔬菜可采取膜下移栽方式，等温度升高至生物学起点温度以上时，方可揭开农膜。并将农膜带出蔬菜地，不要残留在农田。三是及时排除田间渍水。春季连阴雨天气，往往造成田间湿度大，地势低洼的菜地要及时排除渍水，提高菜地土温。

五、五月低温

五月是冷暖空气交绥频繁的季节，当双季早稻分蘖至幼穗分化期间出现连续 5 d 日平均气温≤20 ℃的低温天气时，则会造成双季早稻分蘖不足或空壳率增加。如低温发生在前期，往往以形成延期性冷害为主，如后期天气正常，对早稻产量影响不大。如低温发生在后期，则导致早稻出现不同程度的减产。长沙县五月低温发生频率较高，发生概率约两年一遇，因此，此低温冷害也是制约早稻高产稳产的障碍因子之一。

1. 区划指标

5 月连续 3 d 或以上日平均气温≤20 ℃。

轻度五月低温（1级）：日平均气温为 18～20 ℃连续 5～6 d；

中等五月低温（2级）：日平均气温 18～20 ℃连续 7～9 d；

重度五月低温（3级）：日平均气温 18～20 ℃连续 10 d 或以上；或日平均气温≤15 ℃连续 5 d 或以上。

五月低温气候风险指数＝1级年频次×1/6 ＋ 2级年频次×2/6 ＋ 3级年频次×3/6。

2. 五月低温灾害风险区划

根据上述指标，长沙县的五月低温灾害分为中等风险区和低风险区。其中，中等风险区主要位于金井镇北部、双江乡东部、北山镇西部、高桥镇东部、江背镇东北部等地区。低风险区覆盖范围广，除中等风险区外，其他地方均低风险区（见图 5.5）。

图 5.5　长沙县五月低温灾害风险等级分布

3. 五月低温的危害及防御对策

（1）五月低温危害

在双季早稻分蘖期发生五月低温，以形成延期性冷害为主，使分蘖速度减缓，如遇严重低温，则造成分蘖不足，影响大田基本苗数；如发生在幼穗分化期，则会造成双季早稻空壳率增加，导致早稻不同程度的减产。

（2）五月低温的防御对策

五月低温的防御对策：一是适时插秧。注意选择较好天气，尽量不在气温低于 15 ℃、风力大于 4 级的不利天气抛插秧苗；但也应注意插秧不宜过迟，以免影响晚稻生产季节。二是尽量选择中迟熟抗低温强的早稻品种（组合）。热量条件允许的地区应尽量多选择中迟熟早稻品种，尽力避开五月低温对幼穗分化的可能影响。三是合理灌溉，以水调温。适当深灌，用水保温防寒。对冷浸田、烂泥田等多水田块，要切实开好排水沟，排干冷浸水，降低地下水位，提高田间泥温。四是露田中耕，提高泥温。待大田早稻分蘖到一定程度后，应及时排水晒田，并做好相应的中耕工作，以便提高泥温，促进根系生长，增加有效分蘖数。但如天气晴朗、气温过高，则田间应保持一定水层。五是增施速效肥，增温又保温。及时追施一些热性肥料，如灰肥等，既能增肥又能增温，有利于禾苗早生快发。六是及时改种。若遇上严重的五月低温，造成早稻大面积死苗，则必须立即改种，可以改种中稻或一季晚稻，也可改种夏红薯、夏玉米等。

六、寒露风

进入 9 月以后，冷空气势力逐渐加强，当日平均气温≤20 ℃（≤22 ℃）连续≥3 d 称为寒露风。从寒露风发生强度和出现频繁来看，长沙县的寒露风属中等危害区域。根据寒露风发生特点，长沙县常规晚稻抽穗扬花期安排在 9 月 16 日之前较为适宜。为了避免寒露风影响，杂交晚稻抽穗扬花应在 9 月 13 日之前。

1. 区划指标

9月日平均气温≤20.0 ℃连续3 d或以上。

轻度寒露风(1级):日平均气温为18.5～20 ℃连续3～5 d;

中等寒露风(2级):日平均气温17.0～18.4 ℃连续3～5 d;

重度寒露风(3级):日平均气温≤17.0 ℃连续3 d或以上;或日平均气温≤20.0 ℃连续6 d或以上。

寒露风气候风险指数=(1级频次×1/6 + 2级频次×2/6 + 3级频次×3/6)×100/年。

2. 寒露风灾害风险区划

根据上述指标,长沙县的寒露风灾害分为中等风险区和低风险区。其中,中等风险区主要位于金井镇北部、双江乡东部、北山镇西部、高桥镇东部、江背镇东北部等地区。低风险区覆盖范围广,除中等风险区外,其他地方均低风险区(见图5.6)。

图5.6 长沙县寒露风灾害风险等级分布

3. 寒露风的危害及对策

(1)寒露风的危害

寒露风是南方晚稻抽穗扬花期的主要气象灾害之一。每年秋季"寒露"节气前后,是晚稻抽穗扬花的关键时期,抽穗扬花期遇低温,主要使花粉粒不能正常受精,而造成空粒;在低温条件下,抽穗速度减慢,抽穗期延长,颖花不能正常开放、散粉、受精,子房延长受阻等,因而造成不育,使空粒显著增加。另外,在灌浆前期如遇明显低温,也会延缓或停止灌浆过程,造成瘪粒,水稻的植物营养生理也受到抑制,有的甚至出现籽粒未满而禾苗已先枯死的现象。

(2)寒露风的防御对策

寒露风的防御对策:一是适宜播种。根据晚稻播种至抽穗扬花期间的寒露风80%保障率的天数,尽量避开寒露风的危害。长沙县中迟熟品种应在 6 月 25 日前播种,如果因前期受灾,补种可在 7 月 20 日之前进行。二是合理搭配早稻、晚稻品种。积极引进抗逆性强、丰产性能好的新品种组合。根据寒露风天气预报,合理安排品种属性,对寒露风出现较早的年份,适当多搭配些早、中熟品种;对寒露风出现较晚的年份,可扩大迟熟品种的种植比例。三是提高农业技术水平,增强水稻抗低温能力。加强田间管理,培育壮秧,合理施肥,科学用水,提高水稻生长素质,增强抗逆性,提高抗御寒露风的能力。四是以水增温。在寒露风来临之前,采用灌水、喷水方法,提高抗寒能力。试验表明,在寒露风来临时,灌水的田间比没灌水的田间可提高地温 1～2 ℃。五是喷施叶面肥和根处追肥。实验表明,在寒露风来临前一星期,喷施磷肥加人尿,结实率可提高 13.5%;在寒露风来临前喷施也可提高结实率 4%,还可喷施 1.0% 食盐水、0.1% 腐殖酸钠、1.5% 氯化钾、2% 过磷酸钙、2% 尿素水等。

七、大风

大风是指风力≥8 级,造成建筑物倒塌、人员伤亡、财产受到损失的天气现象。大风在长沙县一年四季均可发生,但以春夏居多,占 90% 左右,秋冬较少。春季大风多伴随冰雹,夏季大风多伴随雷雨,秋冬大风多伴随寒潮。长沙县出现较多的大风种类主要有雷雨大风、寒潮大风和飑。

1. 区划指标

根据长沙县及周边地面气象观测站大风现象观测记录,按照出现频次划分大风灾害风险区。

2. 大风灾害风险区划

大风中等风险区主要分布在北山镇、安沙镇、果园镇和春华镇及以北乡镇。全县其他乡镇均为低风险区(图 5.7)。

图 5.7　长沙县大风灾害风险等级分布

3. 大风的危害及防御对策

（1）大风的危害

大风的危害：一是对农业的危害。对农作物的危害包括机械性损伤和生理损害两方面。机械性损伤是指作物折枝损叶、落花落果、授粉不良、倒伏、断根和落粒等；生理损害主要是指作物水分代谢失调，加大蒸腾，植株因失水而凋萎。受害程度因风力的大小、持续时间和作物株高、株型、密度、行向和生育期而异。风能传播病原体，蔓延植物病害。高空风是黏虫、稻飞虱、稻纵卷叶螟、飞蝗等害虫长距离迁飞的气象条件。二是对人民生命财产和其他各行业的危害。大风（龙卷风）造成人员直接或间接伤亡的事件时有发生。大风常吹倒不牢固的建筑物、高空作业的吊车、广告牌、电线杆、帐房等，造成财产损失和通信、供电的中断。三是风害有时可加剧其他自然灾害（干旱、雷雨、冰雹等）的危害程度。

（2）大风的防御措施

大风的防御措施：①狂风期间尽量减少外出，必须外出时少骑自行车，不要在广告牌、临时建筑物下面逗留、避风。②如果正在开车，应将车驶入地下停车场或隐蔽处。③如果住在帐篷里，应立刻收起帐篷到坚固结实的房屋中避风。④如果在水面作业或游泳，应立刻上岸避风，船舶要听从指挥，回港避风，帆船应尽早放下船帆。⑤在公共场所，应向指定地点疏散。⑥大风过后，应密切注意农作物迁飞性病虫害的发生、发展，及时对作物病虫害进行防治。⑦应及时加固农业生产设施，尽快抢收成熟的作物。

八、雷电

雷电是伴有闪电和雷鸣的一种雄伟壮观而又有点令人生畏的放电现象。雷电一般产生于对流发展旺盛的积雨云中，因此常伴有强烈的阵风和暴雨，有时还伴有冰雹和龙卷风。雷电分直击雷、电磁脉冲、球形雷、云闪四种。其中直击雷和球形雷都会对人和建筑造成危害，而电磁脉冲主要影响电子设备，主要是受感应作用所致；云闪由于是在两块云之间或一块云的两边发生，所以对人类危害最小。

1. 区划指标

雷电灾害风险区划根据灾害危害度、敏感度、易损度三个要素进行区划，其计算公式如下：

$$I_{FDR} = (V_E) \cdot (V_H) \cdot (V_S)$$

式中，I_{FDR}为雷电灾害风险指数，其值越大，则灾害风险程度越大，V_E、V_H、V_S分别表示雷电灾害危险度、敏感度、易损度，并给予各评价因子的权重，利用GIS中自然断点分级法将雷电灾害风险区划按5个等级分区。

2. 雷电灾害风险等级分布

根据上述指标，长沙县的雷电分为中等风险区和低风险区，其中，中等风险区主要集中在长沙县中南部，包星沙镇、黄花镇、椰梨镇、干山乡、黄兴镇、暮云镇、安沙镇南部和跳马乡西部。全区其他乡镇均为低风险区，主要集中在北部、东南部（图5.8）。

3. 雷电的危害及防御对策

（1）雷击易发生部位

雷击易发生部位：①缺少避雷设备或避雷设备不合格的高大建筑物、储罐等。②没有良好接地的金属屋顶。③潮湿或空旷地区的建筑物、树木等。④由于烟气的导电性，烟囱特别易遭雷击。⑤建筑物上有无线电而又没有避雷器和没有良好接地的地方。⑥各种照明、电信等设施使用的架空线都可能把雷电引入室内。

白沙乡
开慧乡
金井镇
双江乡
福临镇
青山铺镇
高桥镇
北山镇
路口镇
安沙镇
果园镇
春华镇
星沙镇
黄花镇
榔梨镇
干山乡
江背镇
黄兴镇
幕云镇
跳马乡

中等风险区
低风险区

图 5.8　长沙县雷电灾害风险等级分布

（2）雷电防护措施

雷电防护措施：①建筑物上装设避雷装置。即利用避雷装置将雷电流引入大地而消失。②雷雨时，人不要靠近高压变电室、高压电线和孤立的高楼、烟囱、电杆、大树、旗杆等，更不要站在空旷的高地上或在大树下躲雨；在户内应离开照明线、电话线、电视线等线路，以防雷电侵入被其伤害。③雷雨时，不要用金属柄雨伞，摘下金属架眼镜、手表、裤带，若是骑车旅游要尽快离开自行车，亦应远离其他金属物体，以免产生导电而被雷电击中。在郊区或露天操作时，不要使用金属工具，如铁撬棒等。④不要穿潮湿的衣服靠近或站在露天金属商品的货垛上。⑤雷雨天气时在高山顶上不要开手机，更不要打手机。⑥雷雨天不要触摸和接近避雷装置的接地导线。⑦雷雨天气时，严禁在山顶或者高丘地带停留，更要切忌继续登往高处观赏雨景，不能在大树下、电线杆附近躲避，也不要行走或站立在空旷的田野里，应尽快躲在低洼处，或尽可能找房间或干燥的洞穴躲避。⑧雷雨天气时，不要去江、河、湖里游泳、划船、垂钓等。⑨在电闪雷鸣、风雨交加之时，若旅游者在旅店休息，应立即关掉室内的电视机、收录机、音响、空调机等电器，以避免产生导电。打雷时，在房间的正中央较为安全，切忌停留在电灯正下面，忌依靠在柱子、墙壁边、门窗边，以避免在打雷时产生感应电而致意外。

第三节　气象灾害综合风险区划

基于洪涝、干旱、高温热害、倒春寒、五月低温、寒露风、大风、雷电 8 种气象灾害气候风险指数，根据长沙县地形地貌，下垫面、农业布局、各地防灾减灾能力的差异，划分为中北部（Ⅰ区）、中南部（Ⅱ区），见图 5.9。

图 5.9　长沙县气象灾害风险综合区划

　　Ⅰ区：该区地形以岗地丘陵为主，海拔高度稍高于南部乡镇，干旱、洪涝灾害发生概率较高，其他灾害与南部乡镇相差不明显，将该区域定为气象灾害高风险区，包括白沙乡、开慧乡、金井镇、双江乡、福临镇、高桥镇、青山铺镇、路口镇等乡镇。

　　Ⅱ区：该区域干旱、洪涝为中等危害区域，其他气象灾害在全省范围而言，也属中等发生区域，因此，将该区域定为气象灾害中等发生区，包括北山镇、安沙镇、果园镇、星沙镇、春华镇、椰梨镇、黄花镇、干山乡、江背镇、暮云镇、跳马乡等乡镇。

第四节　双季水稻种植适宜性气候区划

一、区划指标

1. 遵循的基本原则

（1）产量优先原则

区划因子要尽可能地选取对作物获得高产有影响的因子。

（2）因子从简原则

在众多影响作物生长发育的因子中选择关键因子。

（3）差异性原则

不同作物之间抗逆性对气候适宜性存在差异，应尽量选取对产量和质量有影响的关键性因子。

(4)适度遵从种植习惯的原则

在同一个气候区内,多种作物均可种植,则根据现有的种植习惯而选取合理的气候区划指标。

(5)作物生存至上原则

作物气候区内能生存或者生存的概率很大。

2. 指标来源

指标来源于相关文献资料,其他地方以往的农业气候区划成果,调研事实及专家论证意见,试验分析结果。

二、双季稻种植气候适宜性区划

1. 生产情况

长沙县虽然不是一个农业大县,但粮食作物基本上以水稻为主,长沙市周边的乡镇主要种植蔬菜、园林和花卉。双季稻在该区域农业布局中仍有着举足轻重的地位,为国家的粮食安全做出了一定的贡献。据 2011 年统计资料,农作物种植面积 204.75 万亩,其中水稻播种面积 115.31 万亩,占农作物种植面积的 56%。早稻播种面积 56.78 万亩,晚稻播种面积 58.05 万亩,一季稻面积仅 0.21 万亩,因此,双季稻是长沙县的主要粮食作物,也是播种面积最大的农作物。

2. 气象条件

(1)气候资源

水稻是喜温作物,也是喜光作物。早稻品种具有感温性强的特点,早稻营养生长期的长短,主要决定于温度高低。晚稻品种的感光性、感温性都强,播种后即可遇到较高温度,因此生育期的长短,主要受日照长短的影响,其次受温度高低的影响。长沙县双季早稻一般在 3 月下旬播种,7 月 20 日左右成熟,全生育期 110～120 d,播种至成熟需日平均气温 ≥10 ℃活动积温 2100～2600 ℃·d,有效积温 1200～1500 ℃·d。双季晚稻一般 6 月中下旬播种,7 月中下旬移栽,10 月中下旬前后收获,全生育期 130 d 左右。双季晚稻播种至成熟需日平均气温 ≥10 ℃活动积温 2300～2600 ℃·d。

水分对水稻生长发育具有极其重要的意义。在南方稻区,双季早稻秧田需水量为 36～107 mm,大田平均需水量为 340～390 mm;双季晚稻秧田需水量范围是 83～210 mm,大田平均需水量为 320～600 mm;中稻秧田需水量为 85～180 mm,大田平均需水量为 540～770 mm。

(2)气象灾害

低温冷害:对水稻生长形成危害的低温冷害主要有倒春寒、五月低温和寒露风三种。倒春寒对水稻的危害主要是双季早稻秧苗期,严重的倒春寒会引起烂芽、死苗,轻至中度倒春寒使秧苗生育期延长或叶片枯黄。五月低温主要危害双季早稻分蘖和幼穗分化,如发生在分蘖期,导致分蘖速度减慢、分蘖数减少,从而造成大田基本苗数不足;如发生在幼穗分化期,影响花粉母细胞分裂,则会造成空壳率,从而影响早稻的结实率。寒露风是影响双季晚稻抽穗扬花的一种低温气象灾害,抽穗开花期出现低温,轻者出现包颈,黑壳现象,严重时损害花器,花粉部分不开裂或完全不开裂,不能正常授粉,使空壳率增多,甚至全穗都是空壳。

高温热害:从水稻生长发育对温度的反应来看,高温对早稻的危害主要在生殖生长期。孕穗期和开花期遭遇高温时,会造成花药干枯,空粒增多,使结实率降低;灌浆期遇到高温,导致"高温逼熟",使千粒重下降。

干旱：干旱对水稻的危害通常发生在以下三个发育阶段：一是移栽后到有效分蘖临界叶龄期，受旱会减少分蘖，特别是有效分蘖，使成穗数减少。二是拔节到孕穗期，尤其是幼穗分化处于花粉母细胞减数分裂到花粉形成阶段，这是水稻对水分最敏感的时期，干旱可引起花粉不育或不能形成花粉、子房，造成大量不实粒甚至死穗。三是乳熟灌浆期，这一发育期也是水稻对水分敏感的时期之一，受旱会影响有机物质向穗部运转，灌浆受阻，秕谷增多，千粒重下降。

洪涝：水稻遭受洪涝后，造成根系严重缺氧中毒，根系生长和功能受损，白根数明显减少。叶片从下至上逐渐变黄，直至枯萎死亡，致使单株绿叶数减少。受淹后植株高度变矮。在淹没期内，稻株的生长发育几乎停止，恢复生长后，整个生育进程向后推移，延误后茬作物的生长发育。水稻分蘖期淹水，对植株分蘖有明显影响，使有效穗减少。水稻生殖生长期遭遇洪涝造成的损失更严重。孕穗期一旦受淹，颖花和小枝梗退化，影响小穗生长、生殖细胞的形成和花粉发育；抽穗期开花期受淹，花粉活力降低，影响受精，降低结实率；灌浆期淹水，千粒重降低。此外，洪涝严重时还会毁坏农田设施，影响后期农业生产。

3. 双季稻生长期间气候分析

双季稻全生育期内，长沙县温、光、水资源分布情况如下。

（1）热量资源

日平均气温≥12 ℃时，早稻适宜播种；≥15 ℃适宜水稻移栽返青成活、开始分蘖；≥20 ℃是早稻幼穗分化或常规晚稻安全育穗指标。长沙县日平均气温稳定≥10 ℃初日为3月下旬前期，由于目前采用地膜覆盖和软盘抛秧技术，可调节育秧地段的田间小气候，因此，3月中旬后期开始双季早稻可择时播种、育秧，能较好地保证早稻正常出苗；日平均气温稳定≥15 ℃初日为4月中旬后期，在4月中、下旬开始合理地安排秧苗移栽；日平均气温稳定≥20 ℃初日为5月中旬中期，早稻幼穗分化在5月下旬为宜。日平均气温稳定≥20 ℃终日出现在9月中旬中期，因此常规稻的安全育穗期应在9月16日前为宜。

（2）水资源

长沙县年降水量为1420～1500 mm，且降水集中期为4—9月的汛期，降水量为9100～970 mm，具有降水时段集中，年际变化大的特点。双季早稻秧田需水量为36～107 mm，大田平均需水量为340～390 mm；双季晚稻秧田需水量的范围是83～210 mm，大田平均需水量为320～600 mm；中稻秧田需水量为85～180 mm，大田平均需水量为540～770 mm。因此在双季水稻生长时期，需要合理蓄、排水调节生产。冬季需蓄水保开春后水稻的育秧、整田，春、夏间的雨季需排水防内渍，盛夏开始又需保水抗旱，双季稻的水分调节关系到水稻的优质高产，意义重大。

（3）光能资源

阳光是植物生长发育不可缺少的条件，长沙县光能资源是丰富的，年平均日照时数达1400～1600 h，完全可以满足作物生长的需要。日照的年内分配也比较合理，在作物生长的主要季节的春、夏两季，光照充足。当气温在10 ℃以上，适宜各类作物长生的时候，各月日照时数均在110 h以上，尤其是双季稻生长关键的6—9月，每月日照在160 h以上。逐旬的日照曲线变化也比较稳定，5月下旬到9月中旬，各旬日照时数都有50 h左右，其中7月上旬到9月上旬，各旬均大于65 h。由于光热条件较好，所以对于双季稻夺高产是较为有利的。

4. 区划指标的建立

根据双季稻品种属性区划的研究成果，如单纯从气候资源的角度考虑，影响双季稻种植的主要气候因子是温度，其次是光照。据此进行了长沙县双季稻气候精细化区划。值得注意的是,本次区划没有考虑土壤信息,如丘陵、森林、村庄等非耕地信息,因此,本次精细化区划仅从气候角度来考虑双季稻品种搭配,为水稻布局提供参考依据,具体指标见表 5.1。

表 5.1 双季稻品种属性区划指标

指标	适宜区(早稻品种+晚稻品种)						权重
	迟熟+迟熟	中熟+迟熟	早熟+迟熟 (中熟+中熟)	早熟+中熟	早熟+早熟	不适宜区	
10~22 ℃ 活动积温 /℃·d	≥4400	4200~4400	4000~4200	3800~4000	3600~3800	<3600	0.7
4—10 月 日照时数 /h	≥1150	1100~1150	1050~1100	1000~1050	1000~950	<950	0.3
编码	1	2	3	4	5	6	
综合指标	1~1.6	1.7~2.6	2.7~3.6	3.7~4.6	4.7~5.6	≥5.7	—

5. 区划结果

从区划结果(图 5.10)来看,由于长沙县热量资源丰富,光照充裕,各地均适宜双季稻种植,除个别乡镇海拔高度较高的地方外,其他绝大部分地方均可种植中迟熟品种。除金井乡北部、双江乡东部丘陵地带、北山镇西部局、江背镇东部丘陵地带种植早稻早熟+晚稻中熟品种外,其他地方均可种植早稻中熟+晚稻迟熟品种,且随着育秧技术的提高,这些区域种植早稻早熟+晚稻迟熟风险也不大。

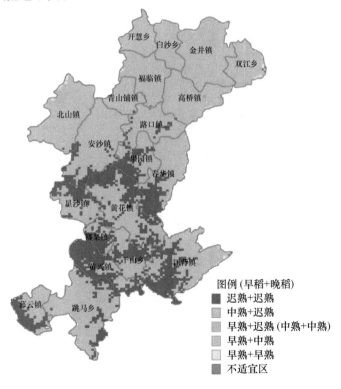

图例(早稻+晚稻)
- 迟熟+迟熟
- 中熟+迟熟
- 早熟+迟熟(中熟+中熟)
- 早熟+中熟
- 早熟+早熟
- 不适宜区

图 5.10 长沙县双季稻种植适宜性气候区划

6. 水稻生产建议

从气候条件分析和气候区划结果来看,长沙县光温水资源丰富,除东北部丘陵地带外,其他地方均适宜双季水稻的生长,且至少以早稻中熟配晚稻迟熟搭配,有利于产量的形成。水稻生产建议:①适时播种早稻。由于稳定通过 10 ℃初日平原地带为 3 月 22—26 日,目前大部分地方采用了软盘抛秧加地膜覆盖技术,播种期可适当提前 2～3 d。这种分析是基于气候平均状况得出来的结论,由于春季气温变化幅度大,每年稳定通过 10 ℃的日期有一定的差异,当年的播种情况应关注当地的气象预报,适时播种。切不可盲目提前播种,以防遇强冷空气入侵,造成烂种、烂秧;另一方面,播种过早,由于田间气温较低,秧苗生长速度较慢。②机插秧播种。目前,随着种粮大户的涌现,机械化插秧技术得到迅速应用。但机插育秧与常规育秧有明显区别,由于机插育秧的播种密度高,秧龄弹性小,秧龄一般控制在 20 d 左右,应根据种植面积大小、农机具的规模适时播种,但应在 4 月底之前栽播完毕,有利于高产。③合理搭配品种属性。从区划结束来看,本区域热量条件较充足,早、晚稻尽量不要种植早熟品种。众所周知,早熟品种,由于生育期短,产量较低。主要以中熟配迟熟为主。④五月低温防御措施。在低温来临之前,采取以水调温等田间管理措施;可增施磷肥,提高水稻抗寒能力,配合钾肥和微量元素,提高水稻对低温的抗逆性;受低温危害时,稻田容易诱发病虫害,要密切注意病虫害发生、发展态势,及时喷药预防,严防病虫爆发成灾。⑤寒露风防御措施。一方面要选种抗逆性强、丰产性能好的新品种组合,另一方面在晚稻抽穗扬花期间,及时掌握天气信息,改善田间小气候(如日排夜灌、喷洒化学保温剂),增强抗御低温的能力;喷施生长调节剂、叶面肥和根外追肥,促使晚稻在寒露风来临前抽穗。⑥旱涝防御措施。根据各地地形、地势特点,加强沟渠、塘坝治理,尽量做到水多能排,雨少能灌。特别是在水稻生长发育的关键时间,保障田间水分的正常供给。

下篇 气象与特色农业

第六章 气象与水稻

第一节 水稻的气候生态特性

水稻为喜温作物,水稻生产具有明显的季节性、阶段性、区域性以及生产周期长,必须循序渐进等特点。水稻生产受天气、气候条件的影响,光、热、水、气是其生存和生长发育的基本条件。农业生产就是绿色植物通过光合作用将太阳能转变成碳水化合物的过程,因而,农业耕作制度的调整和一切农业技术的推广应用都是为了提高光能的利用率。

由于水稻生产在露天进行,受天气、气候条件的影响很大。在目前的科学技术水平条件下,长沙县农业生产基本上还是气候雨养型农业,未能摆脱"靠天吃饭"的不稳定局面。倒春寒、低温阴雨、洪涝、干旱、高温、干热风、寒露风等气象灾害是制约水稻安全高产稳产的瓶颈。因而,掌握和了解这些气象灾害形成、发生和发展的时空规律及防御知识,以及水稻生长发育与产量形成和气象条件的关系,趋利避害,利用有利的气候资源优势,防御农业气象灾害,降低灾害损失,增加种植效益,对确保粮食安全具有重要意义。

一、长沙县气候概况

长沙县气候具有显著大陆性与季风性特征,四季分明,春季多寒潮,气温多变,春末、夏初多雨,盛夏、秋初多旱,长夏高温酷暑,秋季凉燥,冬季偶尔有严寒冰冻。年平均气温为 17.4 ℃,最冷月 1 月平均气温为 5.3 ℃,最热月 7 月平均气温为 28.6 ℃,多年极端最低气温为 −10.8 ℃(1991 年 12 月 29 日),多年极端最高气温为 40.6 ℃(2003 年 8 月 2 日),年降水量为 1577.2 mm,最多年降水量为 2096.1 mm,最大日降水量为 287.2 mm,年日照时数为 1561.1 h,年平均相对湿度为 82%,日平均气温稳定通过 10 ℃初日为 3 月 23 日。冬半年盛行偏北风,夏半年盛行偏南风。春季为冷、暖空气交替季节,北方冷气流南下与南方海洋暖湿气流滞留在长江以南、南岭以北的湘中区域形成静止锋,多梅雨天气,4—6 月降水量为 614.4 mm,占年总降水量的 41.7%。6 月底 7 月初随着海洋暖湿气流登陆北抬,极锋雨带北移,受西太平洋副热带高压控制,多晴热、高温、干旱、少雨天气,进入旱季,7—9 月降水量为 323.5 mm,占年总降水量的 22.0%,而此时正值双季稻生长旺盛时期的需水高峰期,常出现规律性的夏秋干旱,影响双季早、晚稻的高产丰收。

影响双季稻高产优质的主要农业气象灾害是"三寒二旱",即春季倒春寒、五月低温、秋季寒露风和夏、秋干旱。

67

二、双季早稻生育期间的气候状况

长沙县水田种植制度以早稻—晚稻—休闲为主,双季早、晚稻品种搭配主要为中熟(早稻)—中迟熟(晚稻)。从历年平均状况看,双季早稻(中熟)在春分前后的 3 月 23 日播种,谷雨前后的 4 月 20 日移栽,小暑至大暑前后的 7 月 12 日成熟,全生育期 112 d 左右,需日平均气温≥10 ℃的活动积温为 2633.0 ℃·d,总降水量为 521.7 mm,日照时数为 206.5 h。水稻生长的起点温度为 10 ℃,稻根生长的最低温度为 15 ℃,而长沙县在日平均气温稳定通过 10 ℃初日(3 月 23 日)后播种,日平均气温稳定通过 15 ℃时进行早稻移栽。光、热、水资源基本与早稻生长期同步上升,能避开夏、秋干旱灾害威胁,有利于早稻安全高产。

双季早稻生育期间气候状况见表 6.1。

表 6.1 长沙县双季早稻生育期气候状况

生育期	开始日期/月.日	经历日数/d	气温和积温				相对湿度/%	降水量/mm	降水日数/d	日照时数/h
			平均气温/℃	≥10 ℃积温/(℃·d)	最高气温/℃	最低气温/℃				
播种	3.23	—	—	—	—	—	—	—	—	—
出苗	3.26	4	17.9	71.6	27.2	9.9	81	00	0	35.2
三叶	4.7	12	15.9	180.7	25.6	7.0	81	57.4	6	18.6
移栽	4.19	12	19.3	231.3	31.3	9.4	81	65.0	9	46.6
返青	4.22	3	18.0	54.0	27.9	14.3	81	18.8	3	7.8
分蘖	5.3	11	23.1	254.1	33.5	11.7	81	11.0	2	81.0
拔节	5.21	18	22.8	411.1	33.6	15.7	80	31.8	7	209.6
孕穗	6.16	16	27.1	732.9	35.6	20.9	80	70.2	5	94.1
抽穗	6.17	11	25.1	276.4	31.4	20.8	81	112.9	6	44.1
乳熟	6.25	8	27.6	220.7	35.4	19.8	78	3.3	2	40.6
成熟	7.12	17	29.2	496.5	38.6	24.3	75	151.3	5	128.9
合计		112		2366.0				521.7	45	706.5
平均			23.6				80			
最高					38.6					
最低						7.0				

三、双季晚稻生育期间的气候状况

双季晚稻中迟熟品种一般在 6 月中、下旬播种,7 月中旬末移栽,7 月下旬至 8 月初分蘖,9 月上旬末至中旬初齐穗,10 月中旬成熟,全生育期 121 d 左右,所需≥10 ℃活动积温 3261.6 ℃·d,降水量为 603.2 mm,日照时数为 761.9 h,农业气象条件有利于双季晚稻高产优质(表 6.2)。

表 6.2　长沙县双季晚稻生育期气象条件

生育期	开始日期/（月．日）	经历日数/d	气象因子							
			平均气温/℃	≥10 ℃积温/（℃·d）	最高气温/℃	最低气温/℃	相对湿度/%	降水量/mm	降水日数/d	日照时数/h
播种	6.17	—	—	—	—	—	—	—	—	—
出苗	6.19	2	27.6	55.1	33.4	24.2	81	68.1	1	10.5
三叶	6.27	8	26.3	210.6	32.2	21.5	76	108.4	4	30.5
移栽	7.18	21	28.8	605.6	37.0	24.9	75	77.9	7	143.8
返青	7.21	3	31.4	94.3	36.8	26.9	74	4.7	2	30.4
分蘖	7.25	4	30.8	123.2	36.0	26.1	74	0.8	1	38.3
拔节	8.8	14	31.7	443.2	40.5	25.1	75	29.9	3	151.8
孕穗	8.29	21	28.7	602.8	38.8	20.7	78	112.17	6	171.7
抽穗	9.7	9	27.0	24.2.6	31.8	21.7	79	71.3	4	61.8
乳熟	9.2	13	28.1	364.8	37.0	21.8	80	3.4	3	96.2
成熟	10.16	26	20.0	519.3	30.8	15.1	79	125.8	16	56.9
合计		121		3261.6				603.2	47	761.9
平均			27.0							
最高					40.5					
最低						15.1				

第二节　水稻安全优质高产的农业气象条件

一、水稻优质高产对气象条件的要求

水稻优质高产对气象条件的要求见表 6.3。

表 6.3　水稻各生育期对温度的要求

生育期	适宜温度	上、下限温度
种子萌发期	种子发芽适宜温度为 30～35 ℃	种子破胸发芽最低温度为 10～12 ℃,最高温度为 40 ℃
播种到出苗及秧苗生长期	幼苗生长最适宜温度为 20～30 ℃	日平均气温 10～12 ℃,最低气温<8 ℃,烂秧死苗
移栽至返青期	最适宜温度为 20～25 ℃	日平均气温<13 ℃,最低气温<8 ℃,发生僵苗
分蘖期	最适宜温度 25～28 ℃	日平均气温<17 ℃,分蘖停止
幼穗分化至孕穗期	日平均气温为 25～32 ℃	花粉母细胞减数分裂期(抽穗前 10～15 d),日平均气温 15～17 ℃,产生空壳
抽穗开花期	籼稻适宜温度为 22～32 ℃ 粳稻适宜温度为 20～32 ℃ 籼稻杂交水稻适宜温度为 25～30 ℃	抽穗开花期,籼稻日平均气温为 21～22 ℃,粳稻≤20 ℃,杂交稻≤23 ℃,抽穗终止,或日平均气温>30 ℃,极端最高气温>35 ℃,发生"高温逼熟"
灌浆成熟期	日平均气温为 25～30 ℃	日平均气温<15 ℃灌浆受阻,日平均气温≥35 ℃,发生"高温逼熟"

二、水稻生育的农业气象指标

1. 早稻生产的农业气象指标

（1）早稻适宜播种期的农业气象指标

3月下旬至4月初，日平均气温稳定通过10～12 ℃，日最低气温＞5 ℃，冷尾暖头，播种后有3～5个晴天。

（2）早稻烂秧死苗的农业气象指标

日平均气温为10～12 ℃，最低气温低于6 ℃，维持3～5 d阴雨低温寡照，或遇冰雹、晚霜、晚雪，造成烂秧死苗。

（3）早稻青枯死苗的农业气象指标

日平均气温低于10 ℃，持续3～5 d阴雨低温寡照天气过程后，天气急骤转晴，日平均气温＞20 ℃，日较差＞10 ℃，白天高温，蒸发大，水分供应不上，导致秧苗青枯死苗。

（4）早稻高温烧苗的农业气象指标

薄膜秧田4月中旬晴天，最高气温25～30 ℃，薄膜封闭不透气，产生高温烧死秧苗。

（5）早稻僵苗迟发的农业气象指标

5月中旬日平均气温连续5 d以上低于20 ℃，日照时数比平均值少50%的长期阴雨低温寡照天气，引起早稻僵苗迟发。

（6）早稻空壳秕粒的农业气象指标

五月下旬早稻幼穗分化期，日平均气温低于20 ℃的阴雨低温寡照天气持续5 d以上或齐穗前5 d至齐穗后15 d的累积日照时数小于100 h，造成早稻严重空壳秕粒。

（7）早稻"高温逼熟"的农业气象指标

7月初"小暑"节气前，日平均气温＞30 ℃，最高气温＞35 ℃，相对湿度＜60%，"火南风"5级左右，常造成"高温逼熟"，籽粒不饱满，而减低产量。

2. 双季晚稻低温寒露风，空壳不实的农业气象指标

9月"秋分"前后，北方第一次强冷空气南下造成阴雨低温天气，并伴随5级偏北大风的天气过程，日平均气温＜20 ℃（籼型杂交晚稻＜22.0 ℃）持续3～5 d，常使晚稻不能正常抽穗开花，而产生空壳不实，严重减产甚至绝收。俗语"寒露不勾头，刹了喂老牛"。

三、水稻各生长期的农业气象指标

1. 双季早稻各生育期的农业气象指标

（1）种子萌发催芽期

适宜气象条件：水稻种子发芽最低温度为10～12 ℃，最适宜温度为28～33 ℃，最高温度为35～38 ℃，幼苗期最低温度10～12 ℃，最适宜温度为25～28 ℃，最高温度为40 ℃。

（2）播种至出苗期

适宜气象条件：日平均气温稳定通过10 ℃，有3～5个日平均气温高于11 ℃的晴暖天气。

（3）移栽至返青期

适宜气象条件：日平均气温＞15 ℃，有3～5 d晴暖天气，最适宜温度为20～25 ℃。

（4）分蘖期

适宜气象条件：日平均气温＞20 ℃，最适宜温度为25～28 ℃，晴朗微风、光照充足。

（5）孕穗开花期

适宜气象条件：晴天微风，光照充足，籼稻日平均气温为 22～32 ℃；粳稻为 20～32 ℃，杂交稻为 25～30 ℃。

2. 双季晚稻各生育期的农业气象指标

（1）播种出苗期

适宜气象条件：日平均气温为 25～28 ℃，播种后 3～5 个多云天气。

（2）移栽返青期

适宜气象条件：日平均气温为 25～28 ℃，阴雨、间歇性降水或夜雨、夜雨昼晴、微风天气。

（3）分蘖期

适宜气象条件：日平均气温为 28～32 ℃，多阵雨或夜雨、昼晴。

（4）抽穗开花期

适宜气象条件：日平均气温为 25～28 ℃最适宜，籼稻 21～22 ℃，粳稻 20 ℃以上，杂交稻 23 ℃以上，光、热、水充足，多阵性降水或夜雨昼晴的天气。

（5）灌浆成熟期

适宜气象条件：晴朗、光照充足，日平均气温＞18 ℃，昼夜温差 8 ℃左右。

第三节　双季晚稻的农业气象灾害及防御

影响双季早、晚稻高产的主要农业气象灾害是低温冷害、暴雨洪涝、高温热害、干旱、秋季连阴雨。

一、低温冷害

1. 低温冷害的类型

（1）三种低温冷害类型

一是延迟型冷害。在营养生长期遇冷害积温不足，生长发育迟缓，抽穗开花期延迟。二是障碍型冷害。在幼穗形成到抽穗开花期遇低温冷害，造成颖花不育，空壳秕粒增加而减产。三是综合型冷害。在营养生长期遇低温冷害，积温不足延迟生长发育期，幼穗形成期又遇严重低温冷害，影响抽穗开花的正常进行，造成空壳减产。

（2）低温冷害的防御措施

一是掌握气候规律，推行安全栽培。根据当地气候特点和低温冷害发生规律，结合水稻各生育期对温度条件的要求，着眼于躲避低温冷害威胁，科学地确定水稻的安全播种期、安全移栽期、安全齐穗期和安全成熟期，实行安全栽培。二是选用耐寒早熟品种，避开低温冷害。三是合理搭配早、中、晚熟品种。当家品种应选用一般年增产、冷害年也能基本成熟的早、中熟品种，充分利用气候资源。四是综合集成栽培技术，增强系统整体功能。应用系统工程原理，将防御低温冷害作为水稻栽培的一个子系统，将各项行之有效的栽培技术组装集成，提高水稻植株素质，促进健壮早熟，增强抗逆性。五是加强低温冷害气候预报，提高防御低温的应变水平。3 月底抓住冷尾暖头适时播种早稻，根据年度低温预报，合理安排早、中、晚熟品种。在秋季低温出现早的年份，多种早、中熟品种，少种迟熟品种；秋季低温出现迟的年，多种迟熟品种，少种早熟品种，扩大双季晚稻或再生稻的种植面积。

2. 按低温冷害发生的时间分类

(1)春季低温倒春寒

春季倒春寒是指 3 月中旬至 4 月中、下旬的旬平均气温低于该旬平均值 2 ℃或以上,并低于前旬平均气温的一种低温冷害。倒春寒主要影响双季早稻的播种育秧,如果发生在 3 月中旬,则推迟早稻播种期;若发生在播种以后,则会引起早稻烂种、烂秧,死苗或秧苗黄、枯、弱苗,秧苗素质差,影响早稻高产。根据低温程度倒春寒可分为轻度、中等、重度三个等级。长沙县出现春季倒春寒的概率为 60%,大约是 5 年 3 遇,其中轻、中等占 70%。

春季低温倒春寒的防御措施:①合理安排双季早稻的适宜播种期和插秧期,减轻低温危害。水稻发芽生长的最低气温为 10 ℃,稻根系生长的最低温度为 15 ℃,故早稻适宜播种期安排在日平均气温稳定通过 10 ℃初日 80%保证率之后。长沙县历年日平均气温稳定通过 10 ℃初日 80%保证率为 3 月 23 日左右,日平均气温稳定通过 15 ℃初日 80%保证率为 4 月 20 日左右,因此,长沙县早稻适宜播种期在春分前后至 4 月初,适宜插秧期在谷雨前后 4 月 20 日左右。②关注天气变化,抓住冷尾暖头,抢晴天播种。采用塑料大棚工厂化集中育苗和抛秧技术,防御减轻低温连阴雨所造成的烂种、烂秧、死苗,防御和减轻低温冷害的损失。③合理灌水、科学施肥。看天气排灌,以水调温,晴天排干水,阴天半沟水,冷天满沟水;科学施用催苗肥、送嫁肥,推广壮秧营养剂育秧模式,培育壮秧。④严防病害。在低温阴雨寡照天气条件下,秧苗易发生绵腐病,导致大面积烂秧。因此,发现病害时要抢晴天落干,晾晒 1～2 d,或灌"跑马水"冲洗白点,结合药剂防治。

(2)五月低温

五月低温是指水稻分蘖至幼穗分化阶段连续 5 d 或以上日平均气温≤20 ℃的阴雨低温天气。如果 5 月上半月出现低温阴雨寡照天气会影响早稻返青分蘖,造成僵苗不发,影响分蘖速度和低位分蘖数量,推迟季节,减少分蘖数,降低产量;若下半月遇低温则影响早稻幼穗分化,致使颖花退化或造成花粉不育不结实,增加空秕粒率,导致早稻减产。长沙县五月低温的出现概率大约为三年一遇。

五月低温防御措施:①选用抗寒性强的中熟早稻品种。②适时播种,根据当地气候特点,合理安排早稻播种期,使花粉母细胞减数分裂期避开五月低温期。③增施磷肥、有机肥,提高泥温、促使早稻早生快发。④合理灌溉,以水调温,调节田间小气候。低温来临前灌深水,并可喷施保温剂,保温防寒,减轻低温危害。

(3)秋季低温寒露风

秋季低温寒露风是指 9 月日平均气温≤20 ℃连续 3 d 或以上的低温阴雨天气过程。常规晚稻抽穗开花期要求日平均气温 20 ℃以上,籼型杂交晚稻抽穗开花要求日平均气温 22 ℃以上。秋季低温寒露风主要影响双季晚稻的抽穗开花,可导致晚稻"花而不实"。在低温环境下,颖花开放时各花器官的协调关系(花丝伸长、花药开裂散粉和颖片张开的密切配合)受到阻碍,花药失常,传粉受精发生障碍,使空壳率增加而影响晚稻产量。长沙县秋季低温寒露风出现的概率大约为三年一遇或五年二遇。

秋季低温寒露风防御措施:①趋利避害,实行安全种植。根据当地热量资源,确定晚稻安全齐穗期,合理搭配早、晚稻品种。②适时播种,避开低温寒露风危害。以日平均气温稳定通过 22 ℃终日 80%保证率 9 月 10 日左右往前倒推,长沙县双季晚稻中、迟熟播种期分别为 6 月 21 日和 6 月 15 日左右,迟熟品种适宜播种期为 6 月 10 日左右,可避开寒露风危害。③加强田间管理,施足底肥,早中耕、早追肥,及时防治病虫害,促进晚稻早生快发,增加有效分蘖数量,提高光合作用效率。④关注天气预报,采取有效措施,防御低温冷害。寒露风来临前一是灌深水,以水调温,可增温 1～2 ℃;二是叶面施肥,增强抗寒力;三是在晚稻抽穗率 50％时喷施谷粒饱,提早齐穗,防止早衰。

二、暴雨洪涝

1. 暴雨洪涝概况

4—6 月季风交替,冷暖空气在长江以南与南岭之北滞留,形成南岭静止锋,受台风与局地地形抬升作用常形成局地暴雨。24 h 内降水量≥50 mm 为暴雨,≥100 mm 为大暴雨,≥200 mm 为特大暴雨。长沙县暴雨多出现在 4—8 月,每年 4～5 次。暴雨常导致洪涝灾害,重则摧毁稻田,使水稻绝收;轻则造成肥料流失和水稻生长发育受阻,早稻受洪水淹浸后,光合作用减弱,叶片早衰,影响结实率;晚稻苗期受淹,绿叶数减少,秧苗素质下降;同时引发病菌的大量滋生蔓延危害,造成水稻减产歉收。

2. 暴雨洪涝防御措施

暴雨洪涝防御措施:①加强农田水利工程治理,兴修水利,疏通河道,防止溪河堵塞。②加强农业生态建设,植树造林,保持水土,封山育林,减少地表径流。③做好稻田开沟排水工作,减轻洪涝灾害危害程度和洪水淹没时间。④加强暴雨监测预报,做好暴雨、山洪、泥石流预警服务工作,减轻洪涝灾害损失。⑤做好洪涝灾害救灾工作:及时采取有效补救措施,如抢晴天及时喷施农药,预防各种病虫害的发生流行蔓延;及时增施速效氮、磷、钾肥,促进禾苗恢复生长;遇水冲泥沙压时,要尽快搬开,刚插不久的禾苗退水后要及时查苗补兜,难以恢复的要及时补种、补栽。

三、高温热害与干热风

1. 高温热害与干热风概况

7 月初,极锋雨带北移雨季结束,在西太平洋副热带高压控制下,在长沙盆地常出现连晴 35 ℃以上的高温酷热天气,伴随日平均气温 30 ℃以上,14 h 相对湿度≤60％,偏南风速≥5.0 m/s,连续 3 d 或以上的干热风。

6 月底早稻花粉成熟,授粉发芽期对气象条件最为敏感,要求适宜的昼间温度 28～32 ℃,夜温 20 ℃左右。遇高温干热风危害造成灾害:一是花药开裂后花粉迅速丧失活力;二是花粉管长度不整齐,短花粉管不能与胚珠结合;三是花粉管随温度升高而膨大,35 ℃以上时花粉管尖端破裂,40 ℃左右高温使花粉管迅速枯萎。

7 月初早稻灌浆成熟时受高温干热风危害为"高温逼熟",水稻灌浆的最适宜温度为日平均气温 21 ℃左右,昼温 2 6 ℃,夜温 16 ℃,日较差 10 ℃左右,早稻开花后 10～25 d 内昼夜温差每增加 1 ℃,千粒重增加 0.5～1.0 g。因而,7 月初的高温"火南风"天气,可造成早稻"高温逼熟",千粒重降低,严重影响产量;一季中稻在 7 月下旬至 8 月上旬抽穗开花至成熟期遇高温干热风可使花粉管破裂,影响正常受精,空秕粒增多,产量降低;晚稻移栽时遇高温干热风,使禾苗灼伤,轻则延长返青期,重则凋萎枯死。

2. 高温热害干热风的防御措施

高温热害干热风的防御措施:①选用抗高温的品种,调整早稻播种期和移栽期,使早稻在 6 月下旬抽穗扬花,避开高温干热风危害。②高温期将临或到来时,采取有效的应急防御措施,一是增施肥料,对后劲不足的禾苗,在最后一片叶全展时,追施尿素,在始穗至齐穗期间叶面追肥,提高结实率和千粒重;二是科学灌溉,以水调温,抽穗扬花期浅水勤灌,日灌夜排,适时落水,防止断水过早,改善田间小气候;三是喷灌增湿降温,喷灌一次,可降低田间温度 2 ℃,增加相对湿度 10％～20％;四是喷洒化学药剂,减轻高温热害威胁。③加强田间管理,做好病虫害防治。

四、干旱

1. 干旱概况

7—9 月雨季结束后,在西太平洋副热带高压控制下,太阳辐射强烈,多炎热高温天气,蒸发量大,降水量少,而此时又正值双季稻收早、插晚需水最多的时期,常出现规律性的夏秋干旱,以连续 20 d 内基本无雨,出现一次 40～60 d 连旱或出现两次总天数 60～75 d 连旱为一般干旱;出现一次 61～75 d 连旱或出现两次连旱总天数 76～90 d 为大旱;出现一次 76 d 以上连旱或出现两次连旱总数 91 d 以上为特大旱,以此标准统计历年降水量资料,长沙县的干旱规律大致为两年一旱。其中又以夏、秋两季干旱出现最多,部分年也会出现春旱与冬旱和夏、秋、冬连旱。春旱影响早稻耕翻播种;夏旱影响早、中稻的孕穗、抽穗与灌浆结实;秋旱造成晚稻移栽期缺水或生育延迟,分蘖数减少,植株矮小,使有效穗减少而降低产量。

2. 干旱的防御措施

干旱的防御措施:①兴修水利,拦蓄地表水。②利用空中云水资料,开展人工增雨作业,增加降水量。③关注天气预报,做好蓄水储备。④喷施"FA 旱地龙抗"旱剂,减少水田蒸腾,提高抗旱能力。

五、秋季连阴雨

1. 秋季连阴雨概况

晚秋(9 月 21 日至 10 月 20 日)连续 7 d 或以上日降水量≥0.1 mm,且过程日平均日照时数≤2 h 为一次连阴雨过程。晚稻生育后期的低温连阴雨寡照天气对灌浆成熟不利,导致全生育期延长,病虫危害加重,降低晚稻产量。

2. 秋季连阴雨的防御措施

秋季连阴雨的防御措施:①加强晚稻后期管理,不要过早断水,保持田间干干湿湿,防止早衰和倒伏。②适时收割,晚稻成熟度在 95％左右为收割适期,收割前排水干田,防止收割时水浸稻谷发芽发霉。

第四节　充分利用气候资源,合理搭配品种,确保双季稻安全高产丰收

充分利用气候资源,做好早稻、晚稻品种搭配,避开秋季低温寒露风危害,是确保双季早稻、晚稻安全高产的关键。

一、早、晚稻生育期需热量标准

1. 早稻播种—成熟期≥10 ℃积温

长沙县早稻播种—成熟期生育天期天数及≥10 ℃积温指标见表6.4。

表 6.4　长沙县早稻播种—成熟期生育天期天数及≥10 ℃积温统计

品种熟性	播种—成熟	
	生育期天数(加农耗 5d)/d	≥10 ℃积温(加农耗 150 ℃·d)/ ℃·d
早熟	105	2350
中熟	110	2450
迟熟	120	2650

2. 晚稻播种——齐穗期≥10 ℃积温

长沙县晚稻播种——齐穗期所需天数及≥10 ℃积温指标见表 6.5。

表 6.5　长沙县晚稻播种——齐穗期所需天数及≥10 ℃积温统计

品种熟性	生育期天数/d		≥10 ℃积温/ ℃·d	
	播种—齐穗	移栽—齐穗	播种—齐穗	移栽—齐穗
中熟	75～85	50～55	2150	1400
迟熟	85～90	55～60	2300	1500

3. 早稻播种至晚稻齐穗≥10 ℃积温

长沙县早稻播种至晚稻齐穗所需生育期天数及≥10 ℃积温统计见表 6.6。

表 6.6　长沙县早稻播种至晚稻移栽——齐穗所需生育期及≥10 ℃积温统计

序号	品种搭配方案	早稻播种——晚稻齐穗	
		生育期天数(加农耗 5 d)/d	≥10 ℃积温(加农耗 150 ℃·d)/ ℃·d
1	早稻早熟＋晚稻中熟	160	3900
2	早稻中熟＋晚稻中熟	165	4000
3	早稻迟熟＋晚稻中熟	175	4150
4	早稻早熟＋晚稻迟熟	170	4000
5	早稻中熟＋晚稻迟熟	175	4100
6	早稻迟熟＋晚稻迟熟	185	4250

4. 日平均气温稳定通过 10～20 ℃、10～22 ℃80％保证率期间≥10 ℃积温

长沙县日平均气温稳定通过 10～20 ℃、10～22 ℃80％保证率期间≥10 ℃积温统计，见表 6.7。

表 6.7　长沙县日平均气温稳定通过 10～20 ℃、10～22 ℃80％保证率期间≥10 ℃积温统计

日期	10～20 ℃80％保证率初、终日		10～22 ℃80％保证率初、终日	
	初日	终日	初日	终日
	3 月 26 日	9 月 23 日	3 月 26 日	9 月 10 日
天数/d	180～189		168～178	
积温/(℃·d)	4300～4400		4150～4250	

二、充分利用气候资源，合理搭配早晚稻品种

长沙县多年日平均气温稳定通过 10 ℃初日 80％保证率为 3 月 23 日，日平均气温稳定通

过 20 ℃终日 80％保证率为 9 月 23 日；22 ℃终日 80％保证率为 9 月 10 日。10～20 ℃持续天数为 180～189 d，积温为 4300～4400 ℃·d；10～22 ℃持续天数为 168～178 d，积温为 4150～4250 ℃·d。

以日平均气温稳定通过 10 ℃初日 80％保证率作为早稻播种期的农业气象指标，以日平均气温稳定通过 22 ℃终日 80％保证率作为双季晚稻杂交籼稻的安全齐穗期指标，则双季晚稻在日平均气温稳定通过 22 ℃终日 80％保证率 9 月 10 日左右齐穗就能安全稳产高产。

为充分利用农业气候资源，实现早、晚稻安全稳产高产的目标，长沙县以早稻中熟＋晚稻中熟的早、晚稻品种搭配为最优方案（97.6％）；早稻中熟＋晚稻迟熟为次优方案（82.9％）；对早稻迟熟＋晚稻迟熟来说，10～22 ℃的生长季节和积温均偏少，有 48.8％的年生长期天数和积温可以满足早、晚稻安全稳产高产的要求。故可根据气象部门的长期气候预测，在气候偏暖年份，可选择此方案，充分利用光、热、水资源实现双季早、晚稻高产丰收。

第七章 气象与蔬菜

蔬菜是人们日常生活的必需物,而蔬菜的生长发育又与天气气候环境条件有着密切的关系,为此,从气象角度对蔬菜生产与天气气候条件的关系,以及利用气候资源搞好蔬菜生产进行分析,以达到趋利避害、确保蔬菜生产平衡供应的目的。

第一节 蔬菜生长发育与气象条件的关系

蔬菜生长发育所需要的外界环境条件主要包括温度、光照、水分、气体及土壤条件等。这些外界环境条件相互影响、相互作用,共同构成了蔬菜生长发育的环境条件。

一、蔬菜生长发育与温度条件

在众多的环境条件中,温度对蔬菜生长的影响是综合的,它既可以通过影响光合、呼吸、蒸腾等代谢过程,也可以通过影响有机物的合成和运输等代谢过程来影响蔬菜的生长,还可以直接影响土温、气温,通过影响水肥的吸收和输导来影响蔬菜的生长,因此,蔬菜的生长对温度最敏感。温度对蔬菜的生长发育及产量形成有着重要作用。每种蔬菜的生长发育对温度都有一定的要求,即各自有最高温度、最适温度和最低温度,称为温度的"三基点"。图 7.1 显示了温度对蔬菜生长的影响,由图可见,在最适温度下,蔬菜的同化作用旺盛,所制造的养分超过正常呼吸作用的消耗,生长良好,能获得较高产量。在最适温度范围以外的最高或最低限度上,如果继续升高或降低,蔬菜虽能生长,但因同化作用减弱或呼吸作用过强,生长不良而影响产量。

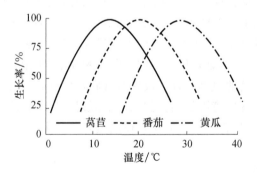

图 7.1 不同蔬菜生长率与温度的关系

虽然蔬菜生长的最适温度是指生长最快的温度,但这并不是蔬菜生长最健壮的温度。因为在最适温度下,植物体内的有机物消耗过多,植株长得细长柔弱。因此,在生产实践上培育健壮植株,常常要求生长温度低于最适温度,这个温度称为协调的最适温度或经济最适温度。

1. 不同蔬菜对温度的要求

根据蔬菜对温度的不同要求,以及它们所能忍耐的最低、最高温度,可将蔬菜分为 4 类:①耐寒性蔬菜:又包括耐寒性多年生蔬菜和耐寒性叶菜两类。耐寒性多年生蔬菜如金针菜、芦笋、韭菜、茭白、辣根等,其生长适温为 12～24 ℃,地上部能耐高温,但冬季枯死,以地下的宿根越冬,地下部能耐-15～-10 ℃的低温。耐寒性叶菜如菠菜、葱、蒜、白菜中的部分耐寒品种,其生长最适温度 15～20 ℃,生长期间能耐较长时间-10～-2 ℃低温,短期能耐-10～-5 ℃的低温,长沙县可以露地越冬。②半耐寒性蔬菜:如萝卜、胡萝卜、芹菜、豌豆、蚕豆、莴苣、结球白菜、甘蓝类、马铃薯等。这些蔬菜的生长最适温度为 17～20 ℃,不能耐受长期 1～2 ℃的低温。在产品器官形成期,温度超过 20 ℃时,同化机能减弱,生长不良,超过 30 ℃时,同化作用所积累的物质几乎全被呼吸作用所消耗。③喜温性蔬菜:如番茄、茄子、辣椒、菜豆、黄瓜等,生长最适温度 20～30 ℃,超过 40 ℃几乎停止生长。低于 15 ℃则由于授粉不良而落花。10 ℃以下则停止生长,不耐 5 ℃以下的低温。在长沙县可以春播或秋播。④耐热蔬菜:如冬瓜、南瓜、丝瓜、豇豆、苦瓜、甜瓜、芋或苋菜等,生长最适温度为 30 ℃左右,其中甜瓜及豇豆等,在 40 ℃的高温下仍能生长。这类蔬菜生长需要高温,并有较强的耐热力。这类蔬菜是春播夏秋收获,生长在一年中温度最高的季节。

由于不同地区的自然温度条件不同,露地栽培蔬菜的种类和季节不同。即温度决定着露地蔬菜的栽培季节和同一季节不同气候带蔬菜种类的分布。

2. 蔬菜不同生长发育时期对温度的要求

同一种蔬菜的不同生长发育时期对温度的要求不同,不同蔬菜各生长发育时期的适宜温度也不尽相同。①发芽期:一般蔬菜的种子出土前要求较高的温度,以促进种子的呼吸作用及各种酶的活动,有利于胚芽萌发。幼苗出土前,保持较高温度,以使快速出土;出土后发生第一片真叶前,应适当降温,温度过高时,胚轴易徒长而形成高脚苗。②幼苗期:一般蔬菜幼苗生长最适温度较发芽期低,温度过高则容易徒长。但幼苗对温度的适应范围比产品形成期广,生产上可把幼苗期安排在温度较高或较低的月份。对一年生蔬菜类来说,其花芽分化通常在幼苗期就开始,而花芽分化的节位、数量及质量对温度的反应相当敏感。对于瓜类蔬菜来讲,在花芽分化期,将夜温控制在生长适温的下限,还可促进雌花的形成。③营养生长期:一般蔬菜营养生长要求的温度比幼苗期稍高。二年生蔬菜如白菜、甘蓝、萝卜,在营养生长的后期,即叶球或肉质根等贮藏器官开始形成的时期,温度又要低些。因此,在生产上,尽可能将这类蔬菜的器官形成期安排在适宜温度期,二年生蔬菜的器官形成以后,要进入休眠期,此期要求低温,以使贮藏时器官的呼吸作用下降,延长保存时间。④生殖生长期:在开花结果期,不论是喜温蔬菜还是耐寒蔬菜都要求较高的温度。种子成熟时,则需更高的温度。

温度并不是一个孤立的环境因子,它还与其他环境因子如光照、水分、土壤等因子相互作用影响蔬菜的生长发育过程,它们之间的相互作用是复杂和多方面的。尤其是土壤温度、气温及蔬菜体温之间的关系。

3. 温周期现象及其作用

自然界日夜温度的周期性变化称为"温周期",蔬菜生长发育对自然界日夜温度周期性变化的反应称为"温周期现象"。一般来说,保持适当的昼夜温差能够促进植物的生长。但研究表明,昼夜温差并非越大越好,而应有一定的范围。正如日温不能太高一样,夜温也不能过低。过低的夜温对生长反而不好。如番茄幼苗生长的最适日温为 25 ℃,而夜温则在 18～20 ℃。究其原因,一般认为白天较高的温度利于光合速率的提高,合成较多的光合产物;夜温低,呼吸速率降低,有机物质消耗减少,利于物质的积累。另外,经研究证明适宜的夜温有利于根的生长,使根吸收更多的矿质营养及水分,供应地上部分的生长需要。较低的夜温还有利于细胞分裂素类激素的合成,起到调节生长和分化的作用。此外,温度对生长的影响与光照条件也有关系。当白天光照强度低时,夜间的低温更有利于生长。白天光照强,夜温可适当提高。例如,番茄茎的生长。当光照强度为 139880 lx,最适夜温为 17 ℃;当光照强度为 17216 lx 时,最适夜温降为 8 ℃。

保持适当的昼夜温差不仅能促进蔬菜的生长,也有利于碳水化合物的积累,改善蔬菜品质。因此,中国西部等温差大的地区所产甜瓜的品质显著优于东部沿海地区。另外,夜温的高低对花芽分化也有显著的影响。例如,番茄在较低的夜温下(15～20 ℃),花芽分化往往会早一些,而每个花序的花数也比较多,第一花序着生节位也较低。

昼夜的温度变化也影响二年生蔬菜的开花与器官的形成。二年生蔬菜中冬性较强的品种,如中、晚熟甘蓝,分布在中国东北部、新疆、西藏高原等地,由于温差大,白天阳光充足,光合作用旺盛,夜间气温低,呼吸消耗降低,因此,叶球产量远比长江以南地区高。但对于易抽薹的萝卜品种,在昼夜温差大的高原地区栽培,往往因为每天夜间都有一定时间的低温,这种低温与连续低温与春化有相同的作用,因此,常会使萝卜造成未熟抽薹的现象,失去商品价值。

4. 温度与春化作用

许多一年生植物(如冬小麦等)和有些二年生蔬菜(如芹菜、胡萝卜、白菜、芥菜、根恭菜、甘蓝等),其开花必须经历一定天数的低温诱导。如果不经过低温处理,就一直保持着营养生长状态,不能抽薹开花。这种必须经过一段时间的低温诱导才能开花结实的现象称为春化作用。

植物开花对低温的要求不同,大多数二年生蔬菜,如白菜类、根菜类、洋葱、大蒜、芹菜等,都要经过一段低温春化,才能开花结实。需要指出的是,春化作用的影响和光周期反应一样,是诱导性的,本身并不直接引起开花。在春化过程结束后,植株处于较高温度下才分化花原基,并且在许多情况下还需要特殊的光周期条件。在春化过程结束之前,如果将植物放到较高的生长温度下,低温的效果会被减弱或消除,这种现象称为去春化作用。通常植物经过低温春化的时间越长,则解除春化越困难。当春化过程结束后,春化效应就会很稳定,不易被高温所解除。大多数去春化的植物返回到低温下,又可重新进行春化,而且低温的效果可以累加,这种解除春化之后再进行的春化作用称为再春化作用。蔬菜通过春化作用的方式有 2 类,即种子春化型和绿体春化型。

(1)种子春化型蔬菜

这类蔬菜有白菜、芥菜、萝卜、菠菜、莴苣、根恭菜等,一般在最早从种子处于萌动状态(一般是胚根露出 1/3～1/2)时便可感应低温进行春化作用。但干燥的种子(即处于休眠状态的种子)对低温没有感应。

种子春化并不是只有在种子萌动时才对低温敏感,实际上长到幼苗期对低温的反应会更加敏感,如果对大白菜生长 60 d 苗龄和 2 d 苗龄的植株进行相同时间低温处理,前者抽薹开花会比后者早。此外,如果低温春化处理的时间长些,则抽薹开花也会早些。生产实践中,许多种子春化型蔬菜,如白菜、萝卜等,大都是在苗期,甚至植株更大时才通过春化。

耐寒及半耐寒的二年生蔬菜的春化温度范围一般在 0～10 ℃,但不同种类和不同品种对低温的敏感性也有一定的差异。例如,白菜类及芥菜类的春化作用在 0～8 ℃ 都有效,而萝卜在 5 ℃ 左右时效果最明显。低温的处理时间,二年生蔬菜一般在 10～30 d,但种类及品种之间有差异。如白菜和芥菜在 0～8 ℃ 处理 20 d 就够了,其中有些要求春化不严格的,如菜心、菜薹等,春化 5 d 就有促进开花的诱导效果。通常春性品种通过春化需要的时间较短,冬性品种需要的时间较长。秋播萝卜在幼苗期低温处理 3 d,就有促进抽薹的效果,如果处理 9 d,则全部都会抽薹。

在人工春化处理时,先将种子消毒后浸泡,吸水后将种子放在发芽适宜的温度下,到50%左右的种子已露出胚根时,再放入一定的低温下处理。在低温处理期间,要维持适当的湿度,供给一定的氧气。但往往为了使种子处于萌动状态,而又控制芽的长度,可采用控制种子吸水量的方法。一般白菜、萝卜种子萌发所需要的吸水量,约为种子干重的50%~60%,如白菜类蔬菜种子的萌动,是在20~25 ℃的温度条件下放置24~36 h,等到有一半左右的种子露出胚根时,再放入一定的低温下处理。

(2)绿体春化型蔬菜

绿体春化型蔬菜有甘蓝、洋葱、大蒜、大葱、芹菜、胡萝卜等。这类蔬菜只有在植株长到一定大小后才能感受低温诱导通过春化。不同种类蔬菜春化绿体的大小是不同的,如果植株没有达到一定的大小,即使遇到低温也不能通过春化。所谓"一定大小"的植株,可以苗龄、茎的直径、叶数或叶面积来表示。

以绿体通过春化作用的植物,感受低温的部位大多为茎尖生长点。应当说明,在绿体春化时,须保持植株的完整性,除了具有茎尖生长点外,还要求植株带有根或叶。否则,会影响春化的效果。有试验表明,当对洋葱进行春化处理时,把叶片全部或大部分剪除,春化的效果下降。

春化处理的温度范围及时间长短,与蔬菜的种类及品种有关。有要求严格的,也有要求不严格的。一般把要求严格的品种称为冬性品种,而把要求不严格的品种称为春性品种。绿体春化蔬菜感受低温的部位有差异,有的植物感受低温的部位在茎尖分生组织,另一些植物感受低温的部位则没有这样变化。实际上,感受低温的部位只限于进行细胞分裂的部位,不再进行细胞分裂的老叶则完全丧失这种感应性。

绿体春化型蔬菜通过春化的反应形式是多种多样的。有些对植株的苗龄要求较严,有些则主要以植株的大小为标准。芹菜在低温处理时的苗龄比植株大小对开花的影响更为重要,若在苗期遇到低温,则植株的年龄越大,低温处理(8 ℃,4周)对开花的促进作用越大,如果植株的苗龄相同,而低温处理时植株的大小不同,则其抽薹开花的时间基本相同。在另外一些蔬菜中,植株的苗龄相同。而低温处理时植株的大小不同,则对抽薹与否及抽薹时期均有很大影响。试验表明,甘蓝幼苗一般在茎粗达0.6 cm,叶宽达5 cm以上时才能通过春化;洋葱幼苗一般在假茎直径1 cm以上才能感受低温的诱导。

春化作用与蔬菜生产有密切的关系。例如,春季栽培白菜、萝卜、甘蓝等时,要防止它们通过春化而引起先期抽薹,可利用小拱棚覆盖增温去春化的原理进行春季栽培,也可利用人工春化处理来提早开花,达到育种加代的目的。另外,不同纬度地区的引种也应适当考虑其对春化的要求,避免过早开花或不开花(图7.2)。

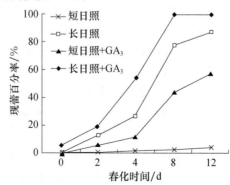

图7.2 春化天数、日照时数和GA₃对红菜薹抽薹开花的影响

5. 高、低温对蔬菜生长发育的危害

(1)低温对蔬菜生长发育的危害

低温对蔬菜生长发育的危害有冷害和冻害两种。

1)冷害

冷害是指 0 ℃以上低温对蔬菜的伤害。各种蔬菜对低温的适应能力不同。一般来说,多数叶菜类对低温的耐受力较强,如十字花科、菊科、伞形科蔬菜,在接近 0 ℃时还可以成活;而喜温蔬菜,如黄瓜、番茄等在温度低于 10 ℃就可能遭受冷害。

冷害常见的症状有叶斑、黄化、萎蔫、花打顶、畸形花果、早花或早抽薹及落花落果。对于耐寒蔬菜,春寒可能导致先期抽薹。秋寒主要影响大白菜包心、结球不实。近年来,随着各地日光温室的相继发展,在冬春连续阴雨或阴雪天气的夜间,最低温度常为 6~8 ℃,导致黄瓜、番茄等喜温蔬菜大幅度减产,甚至绝收,这成为设施栽培中亟待解决的问题。

低温引起蔬菜冷害的原因,一是低温影响植物呼吸作用;二是低温影响植株某些物质的分解与合成;三是低温影响光合作用,通过低温抑制叶绿素的形成,以降低光合作用强度,从而引起幼嫩叶片缺绿,甚至白化,植物矮小,产量降低。

2)冻害

冻害是 0 ℃以下的低温对蔬菜的伤害。冻害发生的程度取决于降温的幅度、持续时间的长短、霜冻来临和解冻的快慢,以及蔬菜的耐寒性强弱等,一般降温幅度越大、霜冻持续时间越长、耐寒性越差的作物,受冻害越重。蔬菜冻害产生的生理原因有两种,一种是细胞内部结冰,直接破坏了原生质的结构,从而使细胞死亡;另外一种是细胞间隙结冰,造成原生质脱水,产生机械挤压,从而发生不可逆的变性凝固,导致细胞死亡。

(2)高温对蔬菜生长发育的伤害

当温度高于适宜蔬菜生长发育的最高温度,即超过蔬菜能够忍受的最高温度时,就会发生高温障碍。高温障碍的主要原因,一是高温改变蔬菜原生质的理化特性,使生物胶体的分散性下降,电解质与非电解质大量外渗;二是高温导致细胞结构破坏,使细胞核膨大、松散、崩裂;三是高温能改变蔬菜呼吸强度,使呼吸强度增加,引起植物体内营养物质合成受阻,致使原生质的分解大于合成,尤其是在光照不足而气温又过于偏高的情况下,受到的破坏更为严重;四是高温能影响光合作用,如果叶片温度高于周围气温时,光合作用受到抑制,叶片上出现坏死斑,叶绿素受到破坏,叶色变褐,出现未老先衰现象,并影响正常色素的形成和花芽分化,从而引起生理性病害的发生,如辣椒和番茄的日烧病、落花、落果、果实畸形、种性退化、种子异常,以及雄性不育症等。

二、蔬菜生长发育与光照条件

光是绿色植物生长必需的环境条件之一,也是植物进行光合作用不可缺少的条件。影响蔬菜生长发育的光照因子是光照强度、光周期和光质。

1. 光照强度对蔬菜植物生长发育的影响

光照强度是指单位时间单位面积上所接受的光通量。光照强度因地理位置、地势高低,以及大气中的云量、烟、灰尘的多少而不同。因此,在自然条件下,由于天气状况,季节变化和植株高度的不同,光照强度有很大的变化。

光照强度对植物的生长发育影响很大,它直接影响植物光合作用的强弱。在一定光照强度范围内,在其他条件满足的情况下,随着光照强度的增加,光合强度也相应增加。但光照强度超过光饱和点时,光照强度再增加,光合作用强度则不增加。不同蔬菜的光饱和点和光补偿点也不相同。一般喜温蔬菜的光饱和点高一些,而耐寒的叶菜类光饱和点相对低一些。

在蔬菜生产季节,露地的光照强度完全能满足各种蔬菜的生长要求,但冬季在保护地生产中,光照不足是影响蔬菜植物生长发育的主要因素。如在冬春季温室的光照还不到夏季光照的40%,光照时间短,光照严重不足。光照不足可成为光合作用的限制因素,而光照过强也会对光合作用产生不利的影响。一般来说喜温蔬菜光合作用的饱和点大都在50000 lx左右,而白菜类大都在40000 lx左右。当叶片吸收过多光能,又不能及时加以利用或耗散时,植物就会遭受强光胁迫,引起光合能力降低,发生光抑制。对生姜的研究表明,午间强光使生姜叶片的叶绿素荧光参数(Fv/Frn)、表观量子效率(AQY)及净光合速率(Pn)降低,促进叶绿素的光氧化作用,发生明显的光抑制现象。因此,只有光照强度能够满足光合作用的要求时,植物才能正常生长发育。

光照强度不仅会影响蔬菜作物的产量,同时还影响植株的形态。一般来说,随着光照强度的减弱,叶面积的变大,株高增加。例如,在保护地中栽培的蔬菜作物,都比露地栽培的蔬菜植株高,叶面积也大。植株形态的变化,是植物对环境适应性的一种表现,在弱光条件下,植株通过扩大自身的叶面积和增加株高,才能捕捉更多的光能,以便提高光合速率,制造更多有机物来满足生长发育的需要。

根据蔬菜植物生长发育对光照强度的要求,可将蔬菜作物分为4类:①要求较强光照的蔬菜:主要是一些瓜类和茄果类,如西瓜、甜瓜、南瓜、番茄、茄子等。有些耐热的薯芋类,如芋、豆薯等也要求较强光照。西瓜、甜瓜等在光照不足的条件下生长,其果实的产量及含糖量都会降低。中国西北地区栽培的西瓜、甜瓜个大,含糖量高,与强光照有密切的关系。②要求中等光照的蔬菜:有白菜类、根菜类和葱蒜类,如白菜、甘蓝、胡萝卜、大蒜等。③要求较弱光照的蔬菜:主要有绿叶菜类,如菠菜,茼蒿,以及薯芋类的生姜等。姜的光饱和点比较低,要求的强度也较低。④要求极弱光照的蔬菜:主要有芽苗菜和食用菌类,如黄豆芽、绿豆芽、菊苣芽、豌豆芽苗,蘑菇、平菇等。

在栽培上,光照的强弱必须与温度的高低相互配合才有利于蔬菜的生长与发育及器官的形成。如果光照减弱,温度也要相应地降低,光照增加,温度也要相应增加,才有利于光合产物的积累。如果在弱光环境下,而温度又高,就会引起呼吸作用的加强,多消耗能源。因此,在温室栽培黄瓜或番茄遇到阴天或下雪时,温室中的温度必须适当降低才有利于生长和结实。

2. 光周期对蔬菜生长发育的影响

光周期指一天中日出至日落的理论日照时数。有些植物对日照长短的周期性变化发生反应,如烟草、大豆等植物,在日照时数短于某一个临界日长时开花;而另外一些植物,在日照时数长于某一个临界日长时开花。这种植物开花对日照长短周期性变化反应的现象,称为光周期现象。

(1)光周期对蔬菜发育的影响

按照蔬菜抽薹开花对光周期的反应,可将蔬菜分为3类:①长日照蔬菜:指在24 h昼夜周期中,日照长度长于某一个临界日长才能成花的蔬菜。对这些蔬菜延长光照时间可促进开花;相反,如延长黑暗时间则推迟开花或不能成花。例如,白菜类(大白菜和小白菜)、甘蓝类(结球甘蓝,球茎甘蓝,花椰菜等)、芥菜、萝卜、胡萝卜、芹菜、菠菜、莴苣、大葱、大蒜等,该类植物在露地自然条件下多在春季长日照下抽薹开花。②短日照蔬菜:又称长夜蔬菜,日照长度短于某一个临界日长才能成花的蔬菜,如豇豆、扁豆、刀豆、茼蒿、苋菜、蕹菜等。该类蔬菜大多在秋季短日照条件下(抽薹)开花。③日中性蔬菜:对每天日照时数要求不严,只要温度适宜,在长短不同的日照条件下均能正常孕蕾开花的蔬菜,如番茄、甜椒、黄瓜、菜豆等。生产上,这类蔬菜常采用设施进行周年栽培。

此外,还有被称为"限日长植物"的种类,这些植物只有在一定的光照长度范围内才能开花,而在较长或较短日照下均保持营养生长状态,如野生菜豆只有在每天 12～16 h 的光照条件下才能开花。栽培蔬菜上极少见有这种"限光性"的种类。

光周期还与瓜类蔬菜性型的分化有关。一般,长日照促进雄花分化,短日照促进雌花分化。

(2)光周期现象中的临界日照长度

在昼夜周期中,诱导短日植物开花所需的最长日照时数,或诱导长日植物开花所需的最短日照时数称为"临界日长";临界日长时数因蔬菜种类而异,一般为 12～14 h,也有的种类短于 12 h 或长于 14 h。

其实,短日植物并不要求较短的光照,而是要求一定时间的连续黑暗。所以,暗期的长短,对发育的影响更为重要,如大豆的晚熟品种,只要每个光周期中有 10 h 的黑暗时间,则不论这一周期中有 14 h 的光照或 4 h 的光照,都会诱导花原基的产生。对于长日植物,光期是重要的,而暗期则不重要,甚至不必要,在完全没有黑暗的条件下即在连续光照条件下,也能开花,如白菜的许多品种,在不断光照下都能开花。利用光周期处理可诱导植物开花,但不同蔬菜种类之间需要处理的天数差异很大。对于绝大多数蔬菜,只有 2～3 次的光周期处理是不够的,一般要求 10 次以上的光周期处理才能引起开花。

(3)光周期质的反应与量的反应

蔬菜对光周期诱导的敏感性因种类而异,只有极少数植物对光周期的反应非常严格,如苍耳的某些品种,一定要有 9 h 以上的黑暗期才能开花,否则就不能开花,这种光周期反应称为"植物的光周期反应"。一些大豆和菜豆品种对短光照要求也很严格,但就大多数蔬菜而言,如大多数的白菜、萝卜品种,它们在长日照下,可以很快开花,而在较短日照下(如每天 8～10 h)也可以开花,只是延迟开花而已,这种现象称为"量的光周期反应"。几乎所有蔬菜都是量的光周期反应类型。同一种蔬菜不同品种之间对光照长度的反应差异很大,在生产上可以利用品种间对光周期要求的不同,选育出早、中、晚熟品种。

了解蔬菜的光周期反应,对引进新的蔬菜品种具有重要的指导意义。长日照作物由南往北移时,夏季日照比产地长些,会加速发育。但由北向南移时,会延迟发育甚至不能开花结实。短日照植物向北移时,夏季日照较长,使发育延迟,营养生长旺盛,向南移时则提前开花。采用适于本地日照变化的品种,才能获得较好的产量。在选择适宜的播种期上,使蔬菜随着生长发育所要求的日照长度与自然日照长度一致,是提高产量的重要条件。

(4)影响光周期诱导效应的因素

影响植物光周期诱导的因素很多,如植物感受部位、植物年龄、光的特性、温度等。

1)蔬菜感受光周期的部位

大量的试验证明,叶片是蔬菜感受光周期的部位,芽则是发生光周期反应的部位。对于一些严格要求短日照的植物,在长日照的条件下,将其叶片每天按时用黑罩遮住,缩短它的日照时数,将上部的叶片去掉,枝条仍留在长日照下,它就可以开花;但反过来,将上部去掉叶片的枝条放在黑罩下进行短日处理,而下部的叶片接受长日处理,这样的植株则不能开花。可见植物叶片受到光周期刺激后会产生某种开花刺激物质,然后通过叶柄、茎再运输到生长点促使花芽分化。另外,叶子感受光周期的敏感性与其发育程度有关。如在一些植物中,叶片刚刚完全展开时,对光周期的反应最敏感,幼小的叶片和衰老的叶片敏感性较差。

2)植株年龄

不论是长日照蔬菜还是短日照蔬菜,都是在植株长到一定大小以后才对光周期起反应的。尤其是二年生蔬菜,按照阶段发育理论,首先通过春化阶段,然后通过光周期阶段,才引起花芽分化。无论是种子春化型还是绿体春化型,都必须在植株长到一定大小以后,才能接受光周期的刺激。一般来说,植株的年龄越大,对光周期的反应越敏感,如长日照植物白菜,当植株年龄很大时,在 8 h 以下的短日照条件下,也能现蕾开花。

3)光的特性

主要包括光质和光强。一般来说,光质比光强更为重要。在不同的光质中,红光可抑制短日蔬菜开花,促进长日蔬菜开花;远红光可抑制长日蔬菜开花,促进短日蔬菜开花。在暗期利用红光进行闪光处理,则抑制短日蔬菜开花,诱导长日蔬菜开花。但红光照射后立即用远红光照射,可抵消红光的中断效果。光周期诱导所需要的光强一般极微弱的光线都可满足。但对光周期的效应,弱光有与强光相似的作用,但并非全部光照时间用弱光,都有同样的效应。而是要在暗期以前,先用强光,后用弱光。作为补充光照,不管是长日蔬菜还是短日蔬菜,强光都比弱光的效应大。

4)温度条件

温度影响蔬菜光周期诱导通过的迟早,改变蔬菜对日照长度的要求。许多长日蔬菜,如白菜、菠菜、芹菜、萝卜等,如果温度很高,即使在长日照的条件下,也不开花,或者开花期延迟。中国长江地区栽培的小白菜及夏萝卜,虽然每天有 14 h 以上的光照也不开花。但如果温度过低,由于生长缓慢,也会延迟开花。短日蔬菜在黑暗期间,温度过低,就会无效。如日照长度相同,在一定范围之内,温度升高可以促进开花。

因此,在影响光周期的效应中,温度是一个重要的影响因素。在生产上应把光周期和温度结合起来考虑。但在温带和亚热带地区的自然条件下,长日和高温(夏季)及短日和低温(冬季)总是伴随。因此,对具有光周期性的许多蔬菜来说,日照条件是形成花芽的重要因素,但并不是唯一的因素。根据光周期反应来进行分类时,往往会发现有不确切的现象,这可能是由于日照以外的条件影响产生的。

5)其他条件

除了光与温度外,其他环境因子如矿质营养、水分、pH 环境和化学物质等均会影响植物的成花诱导,但都不是决定因子。

(5)光周期对蔬菜植物生长的影响

光周期对蔬菜生长也有显著影响,主要是影响有些蔬菜的生长习性,如叶的生长、形状、色素及贮藏器官的形成等。洋葱、大蒜在较短的日照条件下营养叶生长旺盛,在长日照条件下则促进鳞茎形成。马铃薯、菊芋、芋、荸荠等薯芋类蔬菜和水生蔬菜产品的形成一般要求短日照条件,洋葱、大蒜等鳞茎的形成则要求长日照条件。不同品种的蔬菜生长对光周期的反应差异很大,一般早熟品种对日照长短的要求相对不敏感。

蔬菜贮藏器官形成除与日照长度有关,也受温度的调节,如马铃薯块茎的形成,在适合形成块茎的温度下,短日照可促进块茎的形成。如果温度过高(>32 ℃),即使在短日照条件下,也不能形成大的块茎。因此,低温可促进马铃薯在长日照条件下形成块茎,而高温则抑制块茎的形成,降低短日照的作用。当然,所有这些地下贮藏器官的形成,也有品种间的差异。根据这些品种间的差异,人们可以选育出对日照条件不严格的品种。

需要说明的是,短日照虽然可以促进一些蔬菜地下贮藏器官的形成,但在生产上,并不是要求蔬菜生长初期就遇到短日照。在植株生长初期,需要有较长的光照和较高的温度,以促进营养生长,扩大同化面积,然后才能转入到较短日照条件下,促进块茎或块根形成。如果生长初期就遇到短日照的环境,虽然可以较早地形成块茎或块根。但由于没有足够的同化面积,贮藏器官的产量是不可能提高的。

3. 光质对蔬菜生长发育的影响

光质即光的组成,对蔬菜的生长和发育都有一定影响。据测定,太阳光的可见部分占全部太阳辐射的52%,不可见的红外线占43%,而紫外线只占5%。

太阳光中被叶绿素吸收最多的是红光,同时作用也最大。黄光次之,蓝紫光的同化作用效率仅为红光的14%。在太阳散射光中,红光和黄光占50%~60%;而在直射光中,红光和黄光最多只有37%。所以散射光比直射光对在弱光下生长的蔬菜有较大的效用。由于散射光的强度总是比不上直射光,因而散射光下的光合产物也不如直射光下多。

有些蔬菜产品器官的形成也与光质有关。如球茎甘蓝的球茎在蓝光下容易形成和膨大,而在绿光下不易形成;蓝光和近紫外光对洋葱鳞茎的形成有促进作用,而红光则起阻碍作用。

长波光下,蔬菜的节间较长,茎较细;短波光下,蔬菜的节间短、茎较粗。红光能加速长日照蔬菜的发育,紫光能加速短日照蔬菜的发育。红光有利于果实着色,紫外光有利于维生素C合成。

三、蔬菜生长发育与水分条件

水是植物的主要组成成分,保证了植物新陈代谢的正常进行。水是光合作用的原料,是植物体内各种物质进行运输的载体。细胞含有大量水分,保持细胞的膨胀度,才能保持植物枝叶挺立以及维持植株体温的相对稳定。

1. 不同种类蔬菜的需水特点

(1)吸水和耗水特点

根据蔬菜吸水及耗水特性的不同,可将蔬菜植物分为5类:①吸水力弱,但耗水很多的蔬菜:如白菜、芥菜、甘蓝、绿叶菜类、黄瓜等。这些蔬菜叶面积较大且组织柔嫩,但根系入土不深,所以要求较高的土壤湿度。栽培时应选择保水能力强的土壤,经常灌溉。②吸水能力强,但耗水不很多的蔬菜:如西瓜、甜瓜、苦瓜等。这些蔬菜的叶子虽大,但其叶片有裂缺或表面有茸毛,能减少水分的蒸腾,并有强大的根系,能深入土中吸收水分,抗旱性很强。栽培时可少量灌溉或不灌溉。③吸水力很弱,耗水也少的蔬菜:如葱、蒜、石刁柏等。这些蔬菜的叶面积很小,而叶表皮被有蜡质,蒸腾作用很小。但它们根系分布范围小,入土浅且几乎没有根毛,所以,吸收水分的能力弱,对土壤水分的要求也比较严格,要求较高的土壤湿度。④吸水力和耗水量均中等的蔬菜:如茄果类、根菜类、豆类等。这些蔬菜的叶面积比白菜类、绿叶菜类小,组织较硬,且叶面常有茸毛,所以水分消耗量较少;而根系比白菜类等发达,又不如西瓜、甜瓜根系强,故抗旱性不很强。栽培上要求中等程度的灌溉。⑤吸水力很弱,而耗水很快的蔬菜:如藕、荸荠、茭白、菱等。这些蔬菜的茎叶柔嫩,在高温下蒸腾作用旺盛,但它们的根系不发达,根毛退化,所以吸水的能力很弱。因此,蔬菜的全部或大部分都需浸在水中才能生活,需在水田栽培。

(2)对空气湿度的要求特点

除土壤湿度外,空气湿度对蔬菜生长发育也有很大影响。按照对空气湿度的要求可将蔬菜大体分为4类:①喜湿润性蔬菜:如白菜类、绿叶菜类和水生蔬菜等。适宜的空气相对湿度一般为85%～90%。②喜半湿润性蔬菜:如马铃薯、黄瓜、根菜类等。适宜的空气相对湿度一般为70%～80%。③喜半干燥性蔬菜:如茄果类、豆类等。适宜的空气相对湿度为55%～65%。④喜干燥性蔬菜:如西瓜、甜瓜、南瓜和葱蒜类蔬菜等。适宜的空气相对湿度为45%～55%。

2. 蔬菜不同生育期的需水特点

蔬菜不同生育期有不同的生长发育特点,因此对土壤水分的要求也不同。①种子发芽期:要求充足的水分,以供种子吸水膨胀,促进萌发和出土。如土壤水分不足,播种后种子较难萌发,或虽能萌发,但胚轴不能伸长而影响及时出苗。②幼苗期:叶面积小,蒸腾量也小,需水量不多,但根系分布浅,且表层土壤不稳定,易受干旱的影响,栽培上应保持一定且稳定的土壤湿度。③营养生长旺盛期和养分积累期:此期是根、茎、叶菜类同化器官和产品器官旺盛生长的时期,也是一生中需水量最多的时期,栽培上应尽量满足其水分需求,但在产品器官开始形成前水分不能供应过多,以抑制茎叶徒长,促进产品器官的形成。④开花结果期:对水分要求严格,水分过多,易使茎叶徒长而引起落花落果;水分过少,蔬菜体内水分重新分配,水分由吸水力弱的器官(如幼芽、幼枝、花和幼果等)会大量流入吸水力强的叶子,也会导致落花落果。所以,在开花期应适当控制灌水。进入结果期后,尤其在果实膨大期或结果盛期,需水量急剧增加,达最大需水量,应供水充足,使果实迅速膨大。

3. 水分逆境对蔬菜生长发育的影响

水分逆境包括干旱和水涝,都是蔬菜常见的水分逆境。

(1)旱害

干旱缺水是蔬菜生产中最常见的水分逆境,也是对蔬菜产量影响最大的水分逆境。干旱因导致蔬菜水分散失超过水分吸收,使植物组织含水量下降,膨压降低,正常代谢失调,逐渐萎蔫,严重干旱甚至导致蔬菜永久萎蔫而死亡。在蔬菜水分亏缺时,反应最快的是细胞伸长生长受抑制,因为细胞膨压降低就使细胞伸长生长受阻,因而叶片较小,光合面积减小;随着胁迫的加剧,水势明显降低,细胞内脱落酸(ABA)含量提高,净光合率随之下降。另一方面,水分亏缺时细胞合成过程减弱而水解过程加强,淀粉水解为糖,蛋白质水解形成氨基酸,水解产物又在呼吸中消耗;水分亏缺初期由于细胞内淀粉、蛋白质等水解产物增加,促进了呼吸,持续的水分亏缺则因呼吸的物消耗过多而降低呼吸速率,且因氧化磷酸化解联,形成无效呼吸,导致正常代谢进程紊乱、失调。

不同蔬菜及同一蔬菜的不同品种对水分逆境的敏感性不同,因而受其影响也不同。耐旱蔬菜一般具有强大的根系等吸收器官,发达的角质层等保护组织,以及避免水分过多散失或气孔夜开昼闭等避免水分散失的生理机制。

由于适度缺水可以提高产品器官中可溶性固形物及营养成分含量,因而人们在番茄等蔬菜作物上研究建立了调亏灌溉技术,在对产量无显著影响的前提下提高蔬菜品质。

（2）涝害

水涝使蔬菜根系或全株的有氧呼吸受到抑制,影响水分的吸收甚至蒸腾,导致细胞缺水失去膨压,植株萎蔫,长时间水涝会导致蔬菜窒息缺氧死亡。

大部分蔬菜都很不耐涝,尤其是大多数瓜豆类和茄果类蔬菜。据观察,大部分蔬菜水淹数日甚至一日就可造成严重伤害,瓜类中的黄瓜虽较喜潮湿的环境条件,但因根系呼吸强度大,需氧多,在积水的条件下易缺氧而烂根。除丝瓜较耐湿外,其他瓜类均不耐涝,尤其以西瓜和甜瓜稍有积水则全株死亡;茄果类、豆类和叶菜类蔬菜在积水时根系也容易死亡,并感染多种病害。水生蔬菜虽耐涝,但水淹没过顶也不能生存。

四、蔬菜生长发育与气体条件的关系

与蔬菜生长发育关系密切的气体主要是二氧化碳、氧气及一些有害气体。

1. 二氧化碳

二氧化碳（CO_2）是光合作用制造碳水化合物的主要原料。在一定的光强范围内,蔬菜净光合速率随 CO_2 浓度增加而增加,但到了一定程度时再增加 CO_2 浓度,光合速率却不再增加,这时环境的 CO_2 浓度称为 CO_2 饱和点。CO_2 饱和点因蔬菜种类、环境温度和光照而异。大气中 CO_2 浓度一般在 360 $\mu L/L$ 左右,在缺少气体交换的设施内有时 CO_2 浓度会下降到 $100 \sim 200$ $\mu L/L$ 或更低。因此,增加栽培设施内空气 CO_2 浓度,可显著提高光合作用强度,增加产量。尤其在蔬菜生长旺盛期,蔬菜封行时,植株间空气流动缓慢,会出现 CO_2 的补充速度赶不上光合作用的需要,影响中下部叶片的光合作用。在栽培上常采取合理密植、摘除老叶、整枝打杈、搭架、高矮植株间套作等措施来改善通风条件,加速植株间的空气流动,及时补充 CO_2,有利于提高作物的产量和品质。据研究,增施 CO_2 肥后,黄瓜等瓜类的增产幅度一般都在 $20\% \sim 30\%$,早期产量增加更为显著,而在后期有时反而会引起产量下降。试验表明,大多数蔬菜适宜的 CO_2 浓度为 $800 \sim 1200$ $\mu L/L$,浓度过高会引起气孔开度减少而使气孔阻力增大,一些植物还会发生 CO_2 "中毒"和早衰现象。CO_2 施肥必须在光强和温度适宜的前提下进行,所以设施蔬菜增施 CO_2 最好在晴天上午施用,通风前半小时左右停止。

2. 氧气

由于空气中的氧气（O_2）浓度相对稳定,因此对地上部的生长影响不大。但土壤中 O_2 浓度的变化则较大。所以,在生产上要防止供 O_2 不足而发生根部缺 O_2 的现象。种子发芽需要充足的 O_2,种子直播时要求土壤疏松。如果土壤排水不良、土温低、缺 O_2,对种子发芽及根的生长都不利。在水培中要通过补充 O_2 等手段来提高培养液中的溶氧量。另外,土壤中的多种有益微生物是好气性的,土壤空气中 O_2 充足时,有益微生物活动旺盛,有机物质被微生物迅速而彻底地分解,形成大量速效氮养分,供植物吸收作用。缺氧时,有机质分解缓慢且不彻底,常积累中间产物有害的物质（如 H_2S 等）对蔬菜生长不利。减少土壤积水、中耕松土可以改善土壤通气条件,对作物根系生长有利。

3. 有害气体

有时空气以及根际中存在着一定数量的有害气体,如氨、二氧化氮、二氧化硫、一氧化碳、

乙烯、氯、氟化氢、臭氧等。其中，一些气体是由于不合理施肥所产生的，如氨；有些是由一些农用生产资料如塑料薄膜等带来的，如乙烯；也有一些是由设施加热的燃料释放的，如一氧化碳；还有一些是城市工业化发展造成大气污染产生的，如氟化氢。这些有害气体主要通过气孔或根部进入植物体。其危害程度，一方面取决于其浓度；另一方面取决于植物本身的表面保护组织及气孔开张的程度、细胞中和气体的能力及原生质的抵抗力等。设施栽培中，要注意通风换气，排除有害气体。

第二节　蔬菜周年均衡生产与供应

一、蔬菜周年均衡生产与供应

人们每天要吃菜，要求周年均衡，但生产上受气候或其他条件的影响，形成淡、旺季。在气候适宜时蔬菜生长良好，产量高，市场供应多，称为"旺季"；反之，即为"淡季"。因此，根据气候条件和蔬菜生长特点，合理安排种植时间，才能获得数量充足、品质鲜嫩、种类繁多的蔬菜，且周年均衡地满足人们日常生活之需。长沙县蔬菜周年多次作安排见表7.1。

表 7.1　长沙县蔬菜周年多次作安排

复种次数	月份											
	1	2	3	4	5	6	7	8	9	10	11	12
四次	青菜	○	番茄									
					冬瓜(间)							
		○					○○	大白菜		○ 青菜		
五次	菠菜	○辣椒										
		苋菜(间) ○										
		丝瓜(间) ○						○	萝卜	○ 菠菜		

二、蔬菜生产出现淡旺季的原因

1. 气候条件

气候对蔬菜植株生长发育的影响以温度最大，其次是日照和水分，按各种蔬菜对温度的要求，大致可分为耐寒、半耐寒、喜温和耐热等四类：①耐寒蔬菜：多年生的蔬菜宿根（地下部）能在地下安全越冬，能耐短期 $-40 \sim -30\ ℃$，如黄花菜、韭菜和芦笋等，而葱、蒜、菠菜和乌塌菜等耐寒力强，能耐短期的 $-8 \sim -7\ ℃$ 也不受冻。②半耐寒蔬菜：包括白菜类、芥菜类、甘蓝类、葱蒜类，叶菜类的绝大部分和豆类的豌豆、蚕豆等。最适宜温度为 $15 \sim 20\ ℃$，当温度超过 $30\ ℃$ 时，由于同化作用的合成与呼吸作用的消耗几乎相等，植株生长停止。它们中的大多数能耐 $2 \sim 3\ ℃$ 低温。③喜温蔬菜 包括茄果类、瓜类、豆类（除豌豆、蚕豆）、薯芋类（除马铃薯）、水生蔬菜等。最适温度为 $20 \sim 30\ ℃$，低于 $15\ ℃$ 或高于 $32\ ℃$，常因授粉受精不良引起落花落果。一般在 10 ℃以下低温或 40 ℃以上高温时,同化作用降低,不能补偿呼吸作用的消耗,生长几乎停止,5 ℃以下,大多数品种就有冻死的危险。④耐热蔬菜 如冬瓜、丝瓜、南瓜、西瓜、豇豆等能耐较高温度。在 35~40 ℃温度仍能正常开花结果。

长沙县 1 月月平均气温为 5 ℃左右,一部分耐寒蔬菜虽可露地越冬生长,但植株生产缓慢,产量显著降低,而形成 1—2 月的冬淡;7—8 月在西太平洋副热带高压稳定控制下,气温高,降水少,蒸发强烈,而形成干旱高温酷热天气。7—8 月月均气温在 28~29 ℃左右,不仅喜温蔬菜不适生长,就是耐热的瓜豆往往也生长不良,又形成八九月夏淡;其他各月蔬菜生长适宜,而形成旺季。

2. 影响蔬菜淡旺季的其他原因

造成蔬菜淡旺季的原因除天气、气候条件外,还有许多原因,如面积过大或过小,产量不稳定,栽培制度不合理,执行计划不落实,产品季节差价、种类差价和品质差价不合理;农药、肥料及其他物资供应不足,栽培技术水平或加工贮藏设备等,都直接或间接影响蔬菜生产而形成淡旺季。

三、克服蔬菜淡季的方法

为了解决蔬菜生产和供应的淡旺季矛盾,必须因地制宜建立蔬菜生产基地,加强计划生产,改进栽培技术,增加蔬菜种类和品种、扩大贮藏和加工菜、发展设施生产等行之有效的措施,才能较好地缓和淡旺季矛盾。

1. 克服"夏秋淡季"的方法

夏秋淡季出现在 8—9 月,有些地方延长至 10 月中旬。造成淡季的原因一方面是多数喜温蔬菜(夏季蔬菜)已采收完毕,而喜凉蔬菜(秋冬蔬菜)播种不久,处于"换茬"时期,不能采收,无法上市,供应减少。另一方面,这时期南方地区正处于高温干旱或台风暴雨多,病虫危害严重,蔬菜生长不良,产量下降,因此应采取下列措施。

(1)选用耐高温、抗病虫种类和品种

长沙县选用的夏秋淡季的主干菜为瓜类(冬瓜、丝瓜、南瓜、佛手瓜、苦瓜)、豆类(豇豆、毛豆)、叶菜类(蕹菜、苋菜、广东菜心、小白菜),根菜类的早萝卜、水生蔬菜的芋艿、茭白、藕等,这些蔬菜稳产、高产是解决夏秋淡的主干菜,要按需安排足够面积,以保证市场需要。

近年来,各地发展许多优良抗病耐热品种如大白菜品种有杭州的早白、浙江早熟 5 号、厦门的白阳、夏阳,甘蓝品种有厦门的早秋甘蓝、上海夏光等,其他还有芥菜、落葵、黄秋葵、番杏、豆薯、扁豆等都是耐热的蔬菜,可在 8—9 月供应。

(2)秋菜早种

选用青菜、大白菜、甘蓝、花椰菜、菠菜、芹菜、莴苣等耐热较强的早熟种提早播种,在淡季上市,增加花色品种。

(3)高山栽培

利用山地气候凉棚效应,新化雪峰山、城步南山等地利用山区夏季气温较低的优势,于4—5 月播种发展夏菜栽培,如番茄、辣椒、早大白菜、秋菜豆、早甘蓝、早花椰菜和晚冬瓜、晚南瓜等在 8—9 月上市,增加夏秋淡季供应量,起到良好的作用(表 7.2)。

表 7.2 长沙县 8 月、9 月采收的早秋菜栽培要点

种类	品种	播种期	定植期	采收期	产量/(kg/亩)
青菜	杭州早油冬菜	7—8 月	播种后约 25 d	定植后约 30 d	10
小白菜	杭州火白菜	7—8 月	直播	播后约 30 d	12~15
	早皇白矮脚黄杭州	7—8 月	直播	播后约 30 d	15~25
芥菜	雪里蕻	6—7 月	直播	播种后 45~50 d	15
萝卜	广州蜡烛趸	7—8 月	—	播种后约 2 个月	10~15
大白菜	早皇白	7—8 月	直播	播种后约 2 个月	12~15
	早皇白白口	7—8 月	直播		
甘蓝	上海夏光甘蓝	6—8 月	播种后 20~30 d	定植后 60~70 d	15~20
花椰菜	福建 40~60 d	6 月上旬	播种后 20~25 d	定植后约 60 d	10~13
芹菜	上海早青芹菜	7 月上旬	直播	播种后 70~80 d 开始	15~20
菠菜	南京大叶菠菜	7—8 月	直播	播后 40~50 d 开始	10~20
莴苣	广东散叶生菜	6—7 月	播在	定植后 50~60 d	12~15
蒜苗	崇明大蒜	7 月下旬	直播	播后约 60 d 开始	10~15

注：芹菜、菠菜、莴苣、蒜瓣，播种前要用低温催芽；7 月播种芹菜，最好是在丝瓜棚下。

(4)贮藏保鲜

许多耐贮藏蔬菜，如马铃薯、洋葱、蒜头、冬瓜、老南瓜等，采收前后可依据不同蔬菜要求进行药剂处理或低温处理、贮藏保鲜，如马铃薯、洋葱、大蒜等应用生长素处理，即可延长至夏秋淡季供应。

(5)蔬菜加工

在旺季，进行大量加工如榨菜、霉干菜、泡菜、酱萝卜、笋干、黄花菜等，对增加夏秋淡季蔬菜花色品种能起一定作用。

(6)其他蔬菜的供应

除了上述各种菜外，还有韭菜、分葱、甜玉米、菱、豆芽菜、草菇、海带、紫菜、鞭笋等。

2. 克服"春淡"的方法

春淡是由大批越冬的叶菜和根菜在春季抽薹开花，而果菜类未能采收以前，形成的蔬菜淡季。克服的方法：①栽培抽薹迟的叶菜，例如杭州蚕白菜、上海四月慢和五月慢青菜、金华春不老萝卜。②采用塑料薄膜拱棚和地膜覆盖栽培，促使夏菜提早开花结果，采收上市，以缩短或弥补春、夏之交青黄不接空缺。长沙县冬春气候温暖，可以大力发展地膜，小拱棚或大棚进行夏菜(番茄、辣椒、茄子、黄瓜及菜豆)生产，增加菜源，满足市场的需要。③增加春淡季蔬菜种植面积，长江流域地区扩大豌豆、蚕豆、春莴苣、早熟春甘蓝(上海鸡心，晨光)、春花椰菜、春菠菜、春芹菜、韭菜、蒜薹，分葱和竹笋等，增加花色品种。④加强贮藏保鲜，如藕、荸荠、芋、慈菇、生姜、秋马铃薯等贮藏，供应淡季市场。

第三节 蔬菜现代化温室大棚设施种植的小气候效应及调控技术

在蔬菜设施中，设施的环境调节是跟蔬菜栽培中施肥、浇水等一样重要的栽培措施。对蔬菜生长发育影响比较大的环境因子除主要有温度、光照、湿度、二氧化碳、空气流动等地上气象环境外，还有土壤环境。温度的调节技术主要有加温、保温、换气、降温等技术，以及这些技术的组合应用。同时在设施温度条件发生改变时，常常会对湿度、二氧化碳等环境产生影响。因此，在蔬菜设施的环境调控上应该综合考虑才能收到好的效果。设施环境调节

并不只为改善植物的生长发育,控制病虫害的发生,同时对改善劳动者的作业环境也是其重要的。

一、光环境及其调控技术

植物生命活动的物质基础,是通过光合作用制造出来的,光照是绿色植物光合作用的能量来源,同时,光照还影响着温室内的气温、湿度以及植物叶片温度。设施内的光照环境直接影响着设施内植物的生产,因而了解和调控设施内的光环境对设施蔬菜生产具有重要意义。

1. 设施内的光环境特点

蔬菜设施受覆盖材料的影响,与外界自然光有很大的不同,设施内的光环境特点主要表现在以下几个方面。

（1）光照强度弱

蔬菜设施内光照条件的特点之一是光量不足,室内光照一般为自然界的70％左右。这是因为自然光通过透明屋面进入设施的过程中,由于覆盖材料吸收、反射、覆盖材料内面结露的水珠折射、吸收等降低了透光率。日光温室通常在一年之中光照最弱的冬季进行生产。在薄膜遭污染和老化的情况下,光照只有外界的50％左右。

光照强度是指单位时间单位面积上所受到的光通量,光照强度单位是勒克斯(lx)。光照强度对植物的主要影响光合作用强度,在一定范围内,光照越强、光合速率越高。冬季日光温室内光照强度弱是造成蔬菜产量低的主要原因之一。表7.3为常见蔬菜光合作用的光补偿点和光饱和点。

表 7.3　蔬菜作物光合作用的光补偿点和光饱和点(单位:×1000 lx)

蔬菜种类	光补偿点	光饱和点	蔬菜种类	光补偿点	光饱和点	蔬菜种类	光补偿点	光饱和点
番茄	2.0	70	菜豆	1.5	25	大白菜	1.3	47
茄子	2.0	40	豌豆	2.0	40	韭菜	0.12	40
辣椒	1.5	30	芥菜	2.0	45	生姜	0.5~0.8	25~30
黄瓜	1.0	55	结球莴苣	1.5~2.0	25	萝卜	0.6~0.8	25
南瓜	1.5	45	襄荷	1.5	20	芦笋	—	40
甜瓜	4.0	55	款冬	2.0	20	大葱	2.5	25
西瓜	4.0	80	鸭儿芹	1.0	20	香椿	1.1	30
甘蓝	2.0	40	马铃薯	—	30	芋头	4.0	80
芜菁	4.0	55	西葫芦	0.4	40	芹菜	1.0	40

（2）分布不均

蔬菜设施内的光照分布不均匀,具有上强下弱的变化规律。单屋面温室后屋面的仰角大小不同,也会影响透光率。蔬菜设施内不同部位的地面距屋面远近不同,光照条件也不同。如温室自上向下、自南向北光强逐渐减弱,是由于温室中柱北侧光照弱,导致靠近北墙的部分作物生长不良。

（3）光照时数少

光照时数主要是指蔬菜设施内受光照时间的长短,指每天的直接受到光照的小时数。光照时数越少,对植物的光合作用越不利。蔬菜设施内光照时数少,主要出现在单屋面结构、由外覆盖的温室,对于塑料大棚和连栋温室来说则问题不大,光照时数与外界基本相同。如冬季太阳升于东南,落于西南,露地的日照时数 11 h,温室内 12 月和 1 月的日照时数仅为 6~8 h;早春太阳升于东北,落于西北,露地的日照时数 13 h 左右,温室内仅为 11 h。在冬季日光温室生产中受保温管理的影响,往往采取晚揭苫、早盖苫的措施,这更减少了设施内的光照时数。

（4）紫外线水平低

自然光是由不同波长光组成的,光的不同组成叫光质。设施内的光质与自然光相比有很大不同,主要与透明覆盖材料有关。由于玻璃、薄膜等透光材料对紫外线的吸收率较大,设施内紫外线条件与自然光相比,处于低水平状态。紫外线在提高果实着色等外在品相以及果实糖度等内在品质上具有重要作用。设施内紫外线水平低是造成设施内果实品质差的主要原因之一。不同波长的光对蔬菜的生长发育有着不同的影响（表 7.4）。

表 7.4　不同波长的光对植物生理效应的影响

波长/nm	植物生理效应
≥1000	被植物吸收后转变为热能,影响有机体的温度和蒸腾情况,可促进干物质的积累,但不参加光合作用
1000~721	对植物伸长起作用,其中波长 700~800 nm 辐射称为远红光,对光周期及种子形成有重要作用,并控制开花及果实的颜色
720~611	红、橙光被叶绿素强烈吸收,光合作用最强,某种情况下表现为强的光周期作用
610~511	主要为绿光,叶绿素吸收不多,光合效率也较低
510~401	主要为蓝、紫光,叶绿素吸收最多,表现为强的光合作用与成形作用
400~320	起成形和着色作用
<320	对大多数植物有害,可能导致植物气孔关闭,影响光合作用,促进病菌感染

2. 设施内光环境的影响因素

蔬菜设施内的光照主要受季节、天气、纬度、防寒保温、透明覆盖材料、设施结构以及栽培蔬菜等因素的影响,情况比较复杂。

（1）季节

由于地球环绕太阳的椭圆形轨道旋转,造成了地球距离太阳的远近不同,从而形成了四季。不同季节的赤纬（太阳直射点的纬度）不同（表 7.5）。太阳光照射到地球的光照强度受太阳高度角的影响,角度越小强度越弱。太阳高度角＝90°－纬度＋赤纬。由表 7.5 可知,夏至的赤纬为 23°27′,冬至的赤纬为－23°27′,由此可见,夏季的太阳高度角要远大于冬季。不同季节太阳辐射到地球的光照强度有很大不同,表现为夏季强、冬季弱,生产上一般通过夏季遮阳、冬季补光等措施来进行调节。

表 7.5　季节与赤纬

季节	夏至	立夏	立秋	春分	秋分	立春	立冬	冬至
月/日	6/21	5/5	8/7	3/20	9/23	2/5	11/7	12/22
赤纬	＋23°27′	＋16°20′	＋16°20′	0°00′	0°00′	－16°20′	－16°20′	－23°27′

（2）天气

日光温室是"不怕一日冷,就怕连日阴",阴天自然光照弱,且阳光透光率只有自然光的50%~70%,光强难以保证光合作用的需要。冬季阴天时间的长短直接影响着日光温室蔬菜生产成功与否。在日光温室推广过程中应特别注意当地的天气情况。

（3）纬度

地理纬度影响太阳高度角。纬度越高，太阳高度角越小，光照越弱。

（4）防寒保温

在冬季设施生产中，尤其是遇到连阴天的天气，为了防寒保温，往往采取晚揭早盖草苫的管理措施，使尽可能多的热量留在温室内部。为了增加温室的保温性能，常采用大后坡或半地下式的温室结构，这些防寒保温措施减少了温室的光照时间或受光面积，影响了设施的光环境。

（5）透明覆盖材料

投射到保护设施覆盖物上的太阳辐射能，一部分被覆盖材料吸收，一部分被反射，另一部分透过覆盖材料射入设施内。这三部分的关系为：吸收率＋反射率＋透射率＝1。覆盖物的吸收率比较固定，因此反射率越小透射率就越大，透射率越大进入温室的光照就越多。覆盖材料对直射光的透光率与光线的入射角有关，入射角越小，透光率越大。入射角为0°时，光线垂直投射于覆盖物上，此时反射率为0，透光率最大。透光率与入射角之间的关系也因材料而异，如毛玻璃和纤维玻璃，随着阳光入射角的增大，透光率几乎成直线迅速下降。透明覆盖材料的污染和老化对透光性的影响也非常大。其中污染主要是覆盖材料外侧的灰尘污染和内侧的水滴污染。灰尘主要削弱900～1000 nm和1100 nm的红外线部分。水滴造成光的折射，使设施内光强度大为减弱，光质也有所改变。覆盖材料老化会使透光率减小，老化的消光作用主要在紫外线部分，不同覆盖材料，其抗老化的能力也不同。

（6）设施结构

温室设施结构对光照的影响主要包括建筑方位、结构形状、棚间距以及跨度、高度和长度等。①建筑方位。对于单屋面温室来说，由于仅向阳面受光，两山墙和北后墙为土墙或砖墙，是不透光部分，所以这类温室的方位应东西延长，坐北朝南。但对于单栋或连栋塑料大棚来说，尤其是以春秋季节生产为主时，建筑方位应以南北延长为宜。②屋面坡度。对于我国传统的坐北朝南的单屋面温室而言，在一定范围内，温室屋面的倾斜角越大，温室的透光率越高。为了增大其透光率，选择合理的屋面倾角是十分重要的。③结构形状。冬季双屋面单栋温室直射光日总量透光率比连栋温室高，夏季则相反。一面坡温室或半拱圆温室，东、西、北三面不透光，虽有一部分反光，也是越靠南光线越强，等光强线与南面透明屋面平行。对南北延长拱圆形屋面，当光线从棚顶上方直射时，顶部直射角最小，光线最强，大棚两侧入射角变大，光照减弱，等光强面几乎与地面平行，而不是与拱面平行，在栽培蔬菜上部光线分布较均匀。④棚间距。为了避免遮光，相邻温室间必须保持一定距离。相邻温室之间的距离（棚间距）大小，主要应考虑温室的脊高加上草帘卷起来的高度，相邻间距应不小于上述两者高度的2.0～2.5倍，应保证在太阳高度最低的冬至节前后，温室内也有充足的光照。南北延长温室，相邻间距要求为脊高的1.0倍左右。

（7）栽培模式

设施内的蔬菜种植模式如吊蔓栽培等也影响着设施内的光照条件。对于东西延长的日光温室来说，南北行向栽培其光照环境要优于东西行向，尤其是对于温室后排中下部光照条件的改善具有重要意义。还有高矮蔬菜的间套作也影响着设施内的光照条件。

3. 设施内光环境的调控技术

温室设施内对光照条件的要求：一是光照充足，二是光照分布均匀。目前我国主要通过改进设施结构、改进管理措施、遮光以及人工补光等措施来调控设施内的光环境。

(1)改进温室设施结构

选择适宜的建筑场地。确定的原则是根据设施生产的季节和当地的自然环境来选择。选择场地空旷,阳光充足,在东、南、西三个方向没有遮阴物,在早晨能够早见阳光,白天日照时间长,室内能够获得较充足的光照。场地应平坦,而且坡向朝南比较有利,坡度不宜大于10°。选择交通方便但尽可能远离交通要道,防止灰尘污染。

设计合理的屋面坡度。单屋面温室主要设计好后屋面仰角、前屋面与地面交角、后坡长度,既保证透光率高也兼顾保温好。温室屋面角要保证尽量多进光,还要防风、防雨(雪),使排雨(雪)水顺畅。

选择合理的透明屋面形状。从生产实践证明,拱圆形屋面采光效果好。

合理选用骨架材料。在保证温室结构强度的前提下尽量用细材,以减少骨架遮阴,取消立柱,也可改善光环境。

选用透光率高的透明覆盖材料。应选用防雾滴且持效期长、耐寒性和耐热性强、耐老化性强等优质多功能薄膜。常用透明覆盖材料的透光率及寿命见表7.6。

表 7.6　常用透明覆盖材料的透光率及寿命

覆盖材料	透光率/%	寿命/年
国产塑料薄膜	80～90	1～2
进口塑料薄膜	＞90	＞3
4～6 mm 玻璃	88～92	20
PC 波浪板	90～92	＞10
8 mm 或 10 mm 双层 PC 板	78～80	＞10
8 mm 三层 PC 板	76～80	＞10

(2)改进管理措施

改进管理措施:①保持透明屋面干净。经常清扫塑料薄膜屋面的外表面减少染尘,增加透光。内表面通过放风等措施减少结露,防止光的折射,提高透光率。雪后及时清除积雪。②早揭晚盖保温覆盖物。在保温前提下,尽可能早揭晚盖外保温和内保温覆盖物,增加光照时间,在阴天或雪天,也应揭开不透明的覆盖物,以增加散射光的透光率。安装机械卷帘设备,缩短揭苫所用时间。③减小栽植密度。适当增加株行距,减小栽植密度可减少蔬菜间的遮阴,蔬菜行向以南北行向较好,没有死阴影。单屋面温室的栽培床高度要南低北高,防止前后遮阴。此外,高矮蔬菜的间作套种也可改善设施内的光照条件。④加强植株管理。高秧蔬菜及时整枝打杈,及时吊蔓或插架。控制肥水,防止植株徒长。进入盛产期时还应及时将下部老化的或过多的叶片摘除,以防止上下叶片互相遮阴。⑤选用设施专用型品种。设施专用型品种一般具有光合效率高、耐弱光、叶片小等特点。⑥地膜覆盖。有利于地面反光,可增加植株下层光照。⑦利用反光。日光温室适当缩短后坡,并在后墙上涂白以及安装镀铝反光膜,可使反光幕前光照增加40%～44%,有效范围达3 m。⑧采用有色薄膜。不同波长的光对蔬菜生理效应不同,采用有色薄膜可以人为地创造某种光质,以满足某种蔬菜或某个发育时期对该光质的需要,获得高产、优质。但有色覆盖材料其透光率偏低,只有在光照充足的前提下改变光质才能收到较好的效果。

（3）遮光

遮光主要有两个目的：一是减弱保护地内的光照强度，二是降低保护地内的温度。保护地遮光 20%～40% 能使室内温度下降 2～4 ℃。初夏中午前后，光照过强，温度过高，超过蔬菜光饱和点，对生育有影响，应进行遮光，在育苗移栽后为了促进缓苗，通常也需要遮光。遮光对夏季炎热地区的蔬菜栽培，以及花卉栽培尤为重要。遮光还可以改善设施内的作业环境。遮光材料要求有一定的透光率、较高的反射率和较低的吸收率。遮光方法有：①覆盖各种遮阴物。如遮阳网、无纺布、苇帘、竹帘等。温室外遮阳的效果要优于内遮阳，但外遮阳操作繁杂，且设备容易损坏。②玻璃面涂白。可遮光 50%～55%，降低室温 3.5～5.0 ℃。涂白原料一般为石灰水，在国外也有用温室涂白专用的涂白剂。③屋面流水。可遮光 25%，同时还有一定的降温效果。

（4）人工补光

人工补光的目的有二，一是日长补光，用以满足作物光周期的需要，当黑夜过长而影响蔬菜生育时，应进行补充光照。另外，为了抑制或促进花芽分化，调节开花期，也需要补充光照。这种补充光照要求的光照强度较低，称为低强度补光。二是栽培补光，作为光合作用的能源，补充自然光的不足。据研究，当温室内床面上光照日总量小于 100 W/m² 时，或每日光照时数不足 4.5 h，就应进行人工补光。因此，在冬季很需要这种补光，但这种补光要求光照强度大，为 1000～3000 lx，所以成本较高，国内生产上很少采用，主要用于育种、引种、育苗。人工补光的光源是电光源。

对电光源的要求：①有一定的强度，使床面上光强在光补偿点以上。②光照强度具有一定的可调性。③有一定的光谱能量分布。可以模拟自然光照，要求具有太阳光的连续光谱，也可采用类似蔬菜生理辐射的光谱。

人工补光的光源：①白炽灯，价格便宜，但光效低，光色较差，目前只能作为一种辅助光源。使用寿命大约 1000 h。②荧光灯，第二代电光源。价格便宜，发光效率高。可以改变荧光粉的成分，以获得所需的光谱。寿命长达 3000 h 左右。主要缺点是功率小。③金属卤化物灯，光效高，光色好，功率大，是目前高强度人工补光的主要光源。缺点是寿命短。④植物生效灯，可发出连续光谱，紫外光、蓝紫光和近红外光低于自然光，而绿、红、黄光比自然光强。

蔬菜生产上人工补充照明所需功率及补光时间见表 7.7。

表 7.7　人工补充照明所需功率及补光时间

补充目的	适合光源	功率/(W/m²)	每天补光时间
栽培补光	水银灯 水银荧光灯 荧光灯	50～100	光弱时补光不多于 8 h
日常补光	荧光灯 白炽灯	5～50	卷苫前和放苫后各 4 h
促球茎、开花	白炽灯 荧光灯	25～100	卷苫前和放苫后各 4 h
无光室内栽培	水银荧光灯 荧光灯 白炽灯	200～1000	16 h

二、温度环境及其调控

温度是影响蔬菜生长发育的环境条件之一。在蔬菜设施生产中很多情况下,温度条件是生产成功与否的最关键因素。温度是植物生命活动最基本的要素。与其他环境因子比较,温度是设施栽培中相对容易调节控制的环境因子。不同作物都有各自温度要求的"三基点",即最低温度、最适温度和最高温度。蔬菜对三基点的要求一般与其原产地关系密切,原产于温带的,生长基点温度较低,一般在10 ℃左右开始生长;起源于亚热带的在15~16 ℃时开始生长;起源于热带的要求温度更高。

设施栽培应根据不同蔬菜对温度三基点的要求,尽可能使温度环境处在其生育适温内,即适温持续时间越长,生长发育越好,有利于优质、高产。露地栽培适温持续时间受季节和天气状况的影响,设施栽培则可以人为调控。充分认识和了解蔬菜设施内的温度条件和调节技术,对于搞好设施园艺生产是十分必要的。

1. 设施内的气温和地温特点

日光温室的温度是随着太阳的升降和有无而变化的。晴天上午适时揭苦后,温度有个短暂的下降过程,然后便急剧上升,一般每小时可升高6~7 ℃。在14时左右达到最高,以后随着太阳的西下温度降低,到17~18时温度下降比较快。盖苦后,室温有个暂时的回升过程,然后一直处于缓慢的下降状态,直至翌日的黎明达到最低。

(1)白天温度内部高于外部

主要原因有两方面,原因之一是"温室效应",即玻璃或塑料薄膜等透明覆盖物,可让短波辐射(320~470 nm)透射进园艺设施内,又能阻止设施内长波辐射透射出去而失散于大气之中;另一个原因是保护设施为半封闭空间,内外空气交换弱,从而使蓄积热量不易损失。根据研究资料,第一个原因对温室增温的贡献为28%,第二个原因为72%。所以,设施内白天温度高的原因,除了与覆盖物的保温作用有关系外,还与被加热的空气不易被风吹走有关系。

(2)气温有季节性变化

设施内的冬天天数明显缩短,夏天天数明显增长,保温性能好的日光温室几乎不存在冬季。

(3)日温差变化大

蔬菜设施内的日温差是指一天内最高温度与最低温度之差。设施内的日温差要比露地大得多,容积小的设施如小拱棚尤其显著。

(4)气温分布严重不均

设施内气温的分布是不均匀的,不论在垂直方向还是在水平方向都存在着温差。在寒冷的早春或冬季,边行地带的气温和地温比内部低很多。温室大棚内温度空间分布比较复杂。在保温条件下,上下垂直方向的温差可达4~6 ℃,塑料大棚和加温温室等设施的水平方向温差较小,日光温室的南侧温度低,北侧温度高,这种温差夜间大于白天。气温分布不均匀的原因,主要有太阳光入射量分布的不均匀,加温、降温设备的种类和安装位置,通风换气的方式,外界风向,内外气温差及设施结构等多种因素。

(5)土温较气温稳定

设施内地温也存在明显的日变化和季节变化,但较气温稳定。气温升高时,土壤从空气中吸收热量引起地温升高,当气温下降时土壤则向空气中放热保持气温。低温期可通过提高地温,弥补气温偏低的不足。一般地温升高1 ℃对蔬菜生长的促进作用,相当于提高2~3 ℃气温的效果。一年中,地温最低的时段是在 12 月上中旬,直到次年 2 月下旬,地温上升缓慢,3 月上旬地温迅速升高,到 5 月下旬地表温度可升高到 25 ℃ 左右。

2. 设施内温度环境的影响因素

蔬菜设施是一个半封闭系统,这个系统不断与外界进行着能量交换。根据能量守恒原理,蓄积于温室系统内的热量等于进入温室的热量减去传出的热量。当进入温室的热量大于传出的热量时,温室因得热而升温。但根据传热学理论,系统吸收或释放热量的多少与其本身的温度有关,温度高则吸热少而放热多。所以,当系统因吸热而增温后,系统本身得热逐渐减少,而失热逐渐增大,促使向着相反方向转化,直至热量收支平衡。由于系统本身与外界环境的热状况不断发生变化,因此这种平衡是一种动态平衡。所有影响这种平衡的因素都会直接或间接影响设施的温度环境。

(1)保温比

保温比是指设施内的土壤面积与覆盖及维护结构表面积之比,最大值为 1。保温比越小,说明覆盖物及维护结构的表面积越大,增加了与室外空气的热交换面积,降低了保温能力。一般单栋温室的保温比为 0.5～0.6,连栋温室为 0.7～0.8。保温比越小,保护设施的容积也越小,相对覆盖面积大,所以白天吸热面积大,容易升温,夜间散热面大也容易降温,所以,日温差也大。

(2)覆盖材料

覆盖材料不同,对短波太阳光的透过以及长波红外线辐射能力不同,设施内的日温差也不同。如聚乙烯透过太阳辐射能力优于聚氯乙烯,白天易增温,但聚乙烯透过红外线的能力也比聚氯乙烯强,故夜间易降温。所以,聚乙烯保温性能较差,棚内日温差大。聚氯乙烯增温性能虽不如聚乙烯,但保温性能好,故日温差小。

(3)太阳辐射和人工加热

太阳辐射和人工加热是温室夜间加温的重要热量来源。

(4)贯流放热

它是蔬菜设施放热的主要途径,占总散热量的 60%～70%,高时可达 90% 左右。贯流传热主要分三个过程:保护设施的内表面先吸收从其他方面来的辐射热和从空气中来的对流热,在覆盖物内外表面间形成温度差,然后以传导的方式将内表面热量传至外表面,最后在设施外表面,又以对流辐射方式将热量传至外界空气之中。贯流放热的大小与保护设施表面积、覆盖材料的热贯流率以及设施内外温差有关。热贯流率的大小,除了与物质的导热率、对流传热率和辐射传热率有关外,还受室外风速大小的影响。风能吹散覆盖物外表面的热空气层,带走热空气,使设施内的热量不断向外贯流。常见设施覆盖材料的热贯流率列于表 7.8。

表 7.8　常见设施覆盖材料的热贯流率

种类	规格/mm	热贯流率/ [×1000 J / (m² · h · ℃)]	种类	规格/mm	热贯流率/ [×1000 J / (m² · h · ℃)]
玻璃	2.5	20.92	木条	厚5	4.60
玻璃	3.0～3.5	20.08	木条	厚8	3.77
玻璃	4.0～5.0	18.83	砖墙(面抹灰)	厚38	5.77
聚氯乙烯	单层	23.01	钢管		41.84～53.97

种类	规格/mm	热贯流率/[×1000 J /(m²·h·℃)]	种类	规格/mm	热贯流率/[×1000 J /(m²·h·℃)]
聚氯乙烯	双层	12.55	土墙	50	4.18
聚乙烯	单层	24.27	草苫		12.55
合成树脂	FRP\\FRA\\MMA	5.00	钢筋混凝土	5.00	18.41
合成树脂板	双层	14.64	钢筋混凝土	10	15.90

（5）换气放热

由于蔬菜设施内外空气交换而导致的热量损失称为换气放热。它也是设施内热量支出的一种形式。与保护设施内自然通风、强制通风以及设施缝隙大小有关。普通蔬菜设施换气放热是贯流放热的 1/10，包括潜热和显热两部分。潜热是由水的相变而引起的热量转换。显热是直接由温差引起的热量转换。换气放热的大小跟门窗结构以及外界风速有关（表 7.9）。

表 7.9　每米门窗缝隙每小时渗入室内冷空气量（单位:m³/（h·m））

结构	冬季平均风速/(m/s)					
	1 月	2 月	3 月	4 月	5 月	6 月
单层钢窗	0.8	1.8	2.5	4.0	5.0	6.0
双层钢窗	0.6	1.3	2.0	2.8	3.5	4.2
门	2.0	5.1	7.0	10.0	13.5	16.0
单层木窗	1.0	2.5	3.5	5.0	6.5	8.0
双层木窗	0.7	1.8	2.8	3.5	4.6	5.6

（6）地中传热

地中传热包括热量在土壤中的垂直传导和水平传导，是设施内热量支出的一种形式。垂直传导受土壤松紧度和含水量影响很大。水平传热量的大小还与距外墙距离有关，距外墙越远，传热量相对减小。

3. 设施内温度环境的调控技术

根据上述热量平衡原理，只要增加进入的热量或减少传出的热量，就能使保护系统内维持较高的温度水平；反之，便会出现较低的温度水平。因此，对不同地区、不同季节以及不同用途的保护设施，可采取不同的措施，或保温或加温或降温以调节控制设施内的温度。

（1）保温

保温措施：①减少贯流放热。最有效的办法是增加维护结构、覆盖物的厚度、多层覆盖、采用隔热性能好的保温覆盖材料，以提高设施的气密性。多层覆盖的常见做法是在室外覆盖草苫、纸被或保温被，使用二层固定覆盖（双层充气膜）、室内活动保温幕（活动天幕）和室内扣小拱棚。此外，为了减少贯流放热，还应尽量使用保温性能好的材料作墙体和后坡的材料，并尽量加厚，或用异质复合材料作墙体及后坡，使用厚度在 5 cm 左右的草苫，高寒地区使用较厚的棚膜等。②减少换气放热。尽可能减少蔬菜设施缝隙；及时修补破损的棚膜；在门外建造缓冲间，并随手关严房门。③减少温室南底角土壤热量散失。设置防寒沟，防止地中热量横向流出。在设施周围挖一条宽 30 cm，深度与当地冻土层厚度相当的沟，沟中填保温隔热材料。减少土壤蒸发和作物蒸腾。全面地膜覆盖、膜下暗灌、滴灌,减少潜热消耗。④增大保温比。适当降低蔬菜设施的高度,缩小夜间保护设施的散热面积,有利于提高设施内昼夜的气温和地温。

(2)加温

加温措施:①增加蔬菜设施进光量。通过设施结构的合理采光设计和科学管理,改善设施光环境。如设计合理的前屋面角、使用透光率高的薄膜等,增加温室的蓄热量。②人工加温。各种加温方式所用的装置不同,其加温效果、可控制性能、维修管理以及设备费用和运行费用等都有很大差异。另外,热源在温室大棚内的部位以及配热方式不同,对气温的空间分布有很大影响,应根据使用对象和采暖、配热方式的特点慎重选择。生产上常见的人工加热方式主要有:一是热风加温。热风采暖系统主要是热风炉直接加热空气,供热管道大多采用聚乙烯薄膜制成。日本应用比较多的是燃油热风机,燃料是高质量的灯油,燃烧时没有有害气体产生,热风机多设置在设施内部,但为了安全一般都有通往设施外的烟筒。优点是预热时间短,升温快。缺点是停机后缺少保温性,温度不稳定。二是热水加温。系统由锅炉、管道、散热器组成,是最有发展前景的加热方式。热稳定性好,气温分布均匀,波动小,生产安全可靠,供热负荷大,是高标准的日光温室和现代化温室的主流加温方式。缺点是设备投资大,运行费用高。另外,结合当地的地热资源、工业废热水以及太阳能蓄热采暖等进行热水加温,可以大大降低成本。三是土壤加温。利用电加温线进行加温,主要用于育苗。优点是温度可控,设备投资少。缺点是耗电量大,存在安全隐患。此外,也有在栽培床下面埋设管道利用热水进行加温的。四是炉火加温。用地炉烧煤用烟囱散热取暖的加温方式。优点是简单可以自制,设备费用低,加温效果持续时间长。缺点是预热时间长,烧火费劳力,不易控制,有煤气中毒安全隐患。

(3)降温

降温措施:①通风换气。保护设施内降温最简单的途径是自然通风换气,但在温度过高、依靠自然通风不能满足蔬菜等作物生育要求时,必须进行人工强制通风降温。一是自然通风。采用自然通风降温,主要考虑当地的室外气温,顶窗、侧窗的位置及数量。自然通风降温最好的降温效果可达到室内外温差3~5 ℃。采用自然通风降温的设施主要以单栋小型为主,它是利用设施内外的气温差产生的重力达到换气的目的,效果比较明显。连栋温室的通风效果与连栋数有关,连栋数越多,通风效果越差。单栋温室的通风口通常设两道,一道是位于采光屋面顶部靠近屋脊的位置,称为顶风口;另一道设在采光屋面南侧距地面1.1~1.2 m高处,称为腰风口。冬季主要放顶风,早春配合顶风放腰风降温,初夏掀开采光屋面棚膜底角放底风,方便时可在后墙每隔3 m留一个通风窗,初夏通风效果好。塑料大棚主要有顶风、腰风、底风三处通风口。二是强制通风。强制通风降温法也称机械通风降温,一般只用于连栋温室。指在通风的出口和入口处增设动力扇,吸气口对面安装排风扇,或排气口对面安装送风扇,使室内外产生压力差,形成冷热空气的对流,从而达到通风换气的目的。强制通风一般有气温自控调节器,它与继电器相配合,排风扇可以根据室内温度变化情况自动开关。通过温度自动控制器,当室温超过设定温度时即进行通风。强制通风的缺点是耗电多。②遮光。当遮光20%~30%时,室温相应降低4~6 ℃。一般遮阳方法有内遮阳、外遮阳和涂白,其中外遮阳效果最好。一是外遮阳降温系统。外遮阳降温系统采用缀铝遮阳及电动或手动拉幕系统,安装在温室的顶外侧,距温室顶部大概40~50 cm的位置,遮挡强烈的阳光直接照射,利用缀铝表面阻挡并反射阳光来降低温室内部的气温。不同遮阳网的遮阳率不同,故在选择遮阳网时,要根据种植蔬菜的种类及蔬菜对阳光的需求来定。一般遮阳网都做成黑色或墨绿色,也有的做成银灰色。二是内遮阳降温系统。内遮阳降温系统采用的一般就是银灰色的遮阳幕,还可以兼作保温幕,故内遮阳幕又被称为内保温幕。采用室内遮阳系统的目的是阻隔部分进入温室的阳光,通过内遮阳可以有效地降低太阳辐射的强度。目前使用较多的是铝箔材料编织的内遮阳保温幕,具有遮阳和保温两种功能。对于内遮阳上部的热空气层,可采用顶部开窗或排风扇排出室外。三是涂白。涂白指温室覆盖材料表面喷涂白色遮光物,减少进入温室的阳光,但其遮光、降温效果略差,不如外部遮阳。初期一次性投资较少,但每年需要重新喷涂,因此,费工费时。③增大潜热消耗。潜热消耗是通过大量浇水之后通风排湿,靠水的汽化热带走大量的热量,达到降温的目的。应用此法时注意天气变化,应在晴天时进行。④汽化冷却法。汽化冷却法主要是利用水的传导冷却、水吸收红外辐射和水的汽化蒸发达到温室内的降温效果。目前主要有屋面喷淋法、雾帘降温法、湿帘—风机降温系统、室内喷雾降温法等形式。一是屋面喷淋法。层面喷淋法是在温室屋顶喷淋冷却水降温。流水层可吸收投射到屋面的太阳辐射8%左右,并能用水吸热冷却屋面,室温可降低3~4 ℃。二是雾帘降温法。是在温室内距屋面一定距离铺设一层水膜材料,在其上用水喷淋来降温。与屋面喷淋相比,室内水膜的降温效果更好。三是湿帘—风机降温系统。这种降温措施是现代温室内的通用设备,主要利用水的蒸发吸热原理达到降温的目的。该系统的核心是让水均匀地淋湿帘墙,当空气穿透湿帘介质时,与湿润介质表面进行水汽交换,将空气的显热转化为汽化潜热,从而实现对空气的加湿与降温。湿帘一般安装在温室的北侧墙面上,风机安装在温室南侧一端。当需要降温时,通过控制系统的指令启动风机,将室内的空气强行抽出,造成负压,同时水泵将水打在对面的湿帘上。室外空气被负压吸入室内时,以一定的速度从湿帘的缝隙穿过,导致水分蒸发、降温,冷空气流经温室,吸收室内热量后,经风机排出,从而达到循环降温的目的。使用湿帘—风机降温系统时,要求温室的密封性好,否则会由于热风渗透而影响湿帘的降温效果,而且对水质的要求比较高,硬水要经过处理后才能使用,以免在湿帘缝隙中结垢堵塞湿帘,引起耗电高的问题。四是室内喷雾降温法。喷雾降温是利用加压的水,通过喷头以后形成细小的雾滴,飘散在温室内的空气中并与空气发生热湿交换,达到蒸发降温的效果。高压喷雾降温法也称为冷雾降温,是目前温室中应用较先进的降温方法。其基本原理是普通的水经过系统自身配备的过滤系统后,进入高压泵,水在很高的压力下,通过管路,流过孔径非常小的喷嘴,形成直径为 20 μm 以下的细雾滴,雾滴弥漫整个温室与空气混合,从而达到降温的目的。高压喷雾降温由于压力高,需要专门的增压设备和增压后的输送高压铜管,成本较高。⑤变温管理。根据果菜类蔬菜生长的要求来调节温度,使蔬菜能更多地制造光合产物,尽可能减少呼吸对营养物质的消耗,从而达到增产、节能的作用。变温管理对多种蔬菜,尤其是果菜类有明显的增产效果,而且产品外观和品质均明显改善。

进行变温管理时,除了气温进行一天四段变温或夜间两段变温外,还要注意地温的变化,处理好地温与气温之间的关系。如对于番茄生长发育的影响,气温大于地温,育苗期在 20 ℃以上的高气温条件下,低地温比高地温的幼苗健壮而优质,地上部重与株高的比值大,定植后生长发育也好。黄瓜对地温的反应比番茄要敏感,育苗期气温 16~24 ℃,地温 20 ℃幼苗生长发育最好。如果气温较高,则以地温较低的生长发育好,定植后也以高地温的生长发育好。地温低时,则以昼夜高气温的生长发育好。

设计变温管理的目标气温时,一般以白天适温上限作为上午和中午的适宜温度以增进光合作用,下限作为下午的目标气温。16—17 时比夜间适温上限提高 1~2 ℃,以促进植株内同化物转运,其后以下限温度作为通常的夜温,即以尚能正常生育的最低界限温度作为后半夜的目标温度,以抑制呼吸消耗。果菜类蔬菜的变温管理方法见表 7.10。

表 7.10　果菜变温管理方法(单位：℃)

种类	变温管理					常规管理	
	6—12 时	12—17 时	17—21 时		21时—次日 6 时	白天	夜间
			晴天	阴天			
黄瓜	30	20	16	14	白刺黄瓜 12	28	
					黄刺黄瓜 10	14	
番茄	27	24	12	10	5	25	8
甜瓜	着果前 30	26	24	22	16	30	17
	着果后 28				10		

三、湿度环境及其调控技术

1. 设施内的空气湿度和土壤湿度特点

(1)设施内的空气湿度特点

设施内的空气湿度特点为：①高湿。表示空气潮湿程度的物理量称为湿度。通常用绝对湿度和相对湿度表示。设施内空气的绝对湿度和相对湿度一般都大于露地。设施内蔬菜由于生长势强,代谢旺盛,蔬菜叶面积指数高,通过蒸腾作用释放出大量水蒸气,在密闭情况下会使棚室内水蒸气很快达到饱和。设施内相对湿度和绝对湿度均高于露地,平均相对湿度一般在90%左右,尤其夜间经常出现 100%的饱和状态。②空气相对湿度的季节变化和日变化明显。设施空间越小,这种变化越明显。设施内季节变化一般是低温季节相对湿度高,高温季节相对湿度低;昼夜日变化为夜晚湿度高,白天湿度低,白天的中午前后湿度最低。③湿度分布不均匀。由于设施内温度分布存在差异,导致相对湿度分布也存在差异。一般情况下,温度较低的部位,相对湿度较高,而且经常导致局部低温部位产生结露现象,对设施环境及蔬菜生长发育造成不利影响。空气湿度依园艺设施的大小而变化。大型设施空气湿度及其日变化小,但局部湿差大。

(2)设施内的土壤湿度特点

设施的空间或地面有比较严密的覆盖材料,土壤耕作层不能依靠降雨来补充水分,故土壤湿度只能由灌水量、土壤毛细管上升水量、土壤蒸发量以及蔬菜蒸腾量的大小来决定。设施内的土壤湿度具有以下特点:土壤湿度变化小,比露地稳定;水分蒸发和蒸腾量很少,土壤湿度较大;土壤水分多数时候是向上运动的;设施不同位置存在着一定的湿差。通常塑料大棚的四周土壤湿度大,一是因为四周温度低,水分蒸发量少;二是由于蒸发作物蒸腾的水分在薄膜内表面结露,不断顺着薄膜流向棚的四周。温室南侧底角附近土壤湿度大,也是由于此处温度尤其是夜温低、蒸发量少,棚膜上的露滴全部流入此处。温室后墙附近的土壤湿度最小,有加温设备的,其附近土壤湿度更低。另外,无滴膜使用一段时间后流滴效果减弱,温室大棚内容易"下雨",可产生地表湿润的现象。

2. 设施灌溉技术

由于设施内的特殊环境,以及种植在设施内的蔬菜、花卉、苗木等对环境水分条件的要求与大田作物、露地蔬菜和果树等完全不同,因此与其相适应采用的灌溉技术也有差别。但是,无论选用何种灌溉技术都以为设施内植物创造良好的水分环境为目的。设施内的灌溉既要掌握灌溉期,又要掌握灌溉量,使之达到节约用水和高效利用的目的。常用的灌溉方法有:①沟灌法。省力、速度快。其控制办法只能从调节阀门或水沟入水量着手,浪费土地、浪费水,容易增加空气湿度,不宜在设施内采用。喷壶洒水法。传统方法,简单易行,便于掌握与控制。但只能在短时间、小面积内起到调节作用,不能根本解决蔬菜生育需水问题,而且费时、费力,均匀性差。③喷灌法。喷灌是利用专门设备将有压水输送、分配到灌溉区,再由喷头喷射到空中散成细小的水滴,均匀地洒落在灌溉区上,以满足蔬菜生长对水分的需求。其特点是对地形适应性强,机械化程度高,灌水均匀,灌溉水利用系数较高,尤其是适合透水强的土壤,并可调节空气湿度和气温。但基础建设投资较高,而且容易增加空气湿度,不适合在设施蔬菜上应用。④水龙浇水法。即采用塑料薄膜滴灌带,成本较低,可以在每个畦上固定一条,每条上面每隔20~40 cm有一对0.6 mm的小孔,用低水压也能使20~30 m长的畦灌水均匀,也可放在地膜下面,降低室内湿度。⑤滴灌法。滴灌根据设备工作压力不同分为常压滴灌和重力滴灌,根据设备管道铺放方式不同分为地下滴灌和地表滴灌。它是利用安装在末级管道上的滴头或滴灌管,将水一滴滴均匀缓慢地滴入蔬菜根区附近的土壤中。由于滴水量小,水滴缓慢入土,因而除滴头下面的土壤水分处于饱和状态外,其他部分的土壤水分均处于不饱和状态。⑥渗灌法。渗灌是将微压水通过埋在地下根层附近的橡塑渗水管向土壤渗水,再借助土壤的毛细管作用,将水扩散到作物根区周围,由于无地表蒸发,因此,比滴灌可节水20%以上。它工作压力低,节能效果好,因此,世界上正在大力推广地下渗灌技术。渗灌的关键设备是渗灌管,管内外看不见出水孔,管内水有微压时就会像"出汗"一样渗水,它质地柔软、耐压、不易堵塞,寿命可达15年。此方法投资较大,花费劳力,但对土壤保湿及防止板结、降低土壤及空气湿度、防止病害效果比较明显。

为有效调控设施内的水分环境,设施内采用的灌溉技术必须满足下述基本要求:依蔬菜需水要求,遵循灌溉制度,按计划灌水定额实施适时、适量灌水;田间水有效利用率高,一般不低于0.90;灌溉水有效利用率滴灌不低于0.90,微灌、喷灌不低于0.85;保证获得高效、优质、高产和稳产;灌水劳动生产率高,灌水用工少;灌水简单经济,易于操作,便于推广;灌溉系统和装置投资小,管理运行费用低。设施灌溉应以微灌技术为主,选用滴灌技术和微喷灌技术,以及由其派生出的一些现代化、自动化程度高的灌溉新技术。

目前我国设施内微灌系统主要采用①地面上固定式滴灌系统。其灌水器多采用带有迷宫式消能和抗堵塞长流道的边缝式和贴壁式滴灌带,其次是有压力补偿和无压力补偿的内镶式滴灌管以及其他纽扣式滴头,主要适用于蔬菜灌溉。②悬吊式向下喷洒、插管式向上喷洒的固定式或半固定式微喷灌系统。其灌水器多采用折射式、射流式微喷头,主要适用于喷洒花卉、苗圃、盆栽和低矮的观赏植物;设施内也有采用摇臂旋转式小喷头的,主要喷洒大棚内较高的苗木、果树或要求环境湿度较大的观赏植物或高架植物。大多数蔬菜要求设施内空气湿度不宜过高,否则会使蔬菜生长受阻,并易发生病虫害,因此,以选用滴灌技术为最好,一般不宜采用微喷灌技术。对花卉、苗木、无土栽培植物、盆栽和观赏植物往往需要设施内湿度较高,则应选用微喷灌技术为宜。

3. 设施内湿度环境的调控技术

(1)空气湿度

1)除湿

设施内空气湿度都较高,特别是在冬季不通风时,湿度高达80%~90%或更高,夜间可达100%。实践证明,设施内空气湿度过高,不仅会造成蔬菜生理失调,也易引起病虫害的发生。

影响设施内空气湿度的主要因素有设施的结构和材料、设施的密闭性和外界气象条件、灌溉技术措施等,其中灌溉技术措施是主要影响因素。温室除湿的最终目的是防止蔬菜沾湿,抑制病害发生。

除湿方法有:①被动除湿。被动除湿指不用人工动力(电力等),不靠水蒸气或雾等的自然流动,使蔬菜设施内保持适宜湿度环境。通过减少灌水次数和灌水量、改变灌水方式可从源头上降低相对湿度。采用地膜覆盖,可抑制土壤表面水分蒸发,提高室温和空气湿度饱和差,防止空气湿度增加。自然通风是除湿降温常用的方法,通过打开通风窗、揭薄膜、扒缝等通风方式通风,达到降低设施内湿度的目的。②主动除湿。主动除湿指用人工动力,依靠水蒸气或雾等的自然流动,使蔬菜设施内保持适宜湿度环境。主动除湿的方法主要为利用风机进行强制通风,还可通过提高温度(加温等)降低相对湿度,或设置风扇强制空气流动,促进水蒸气扩散,防止作物沾湿。采用吸湿材料,如二层幕用无纺布,地面铺放稻草、生石灰、氧化硅胶等。采用流滴膜和冷却管,让水蒸气结露,再排出室外。喷施防蒸腾剂,减少绝对湿度。用除湿机降低湿度。

2)加湿

设施内加湿的方法有:①喷雾。加湿常用方法是喷雾或地面洒水,如103型三相电动喷雾加湿器、空气洗涤器、离心式喷雾器、超声波喷雾器等。②湿帘。湿帘主要是用来降温的,同时也可达到增加室内湿度的目的。③灌水。通过增加浇水次数和浇灌量、减少通风等措施,可增加空气湿度。④降温。通过降低室温或减弱光强可在一定程度上提高相对湿度或降低蒸腾强度。

(2)土壤湿度

土壤湿度的调控应当依据蔬菜种类及生育期的需水量、体内水分状况以及土壤湿度状况而定。随着设施蔬菜向现代化、工厂化方向发展,要求采用机械化、自动化灌溉设备,根据蔬菜各生育期需水量和土壤水分张力进行土壤湿度调控。

土壤湿度调控方法有:①降低土壤湿度。减少灌水次数和灌水量是防止土壤湿度增加的有效措施,还可进行隔畦灌水,采取滴灌、渗灌等节水灌溉方式;勤中耕松土可以切断土壤表层毛细管,达到"散表墒、蓄底墒"的效果,降低表层土壤的湿度。苗床土壤湿度过大时可撒干细土或草木灰吸湿。②增加土壤湿度。设施内环境处于半封闭或全封闭状态,空间较小,气流稳定,又隔断了天然降水对土壤水分的补充。因此,设施内土壤表层水分欠缺时,只能由深层土壤通过毛细管上升水补充或进行灌水弥补。灌水是增加湿度的主要措施,另外进行地膜覆盖栽培可减少水分蒸发,长时间保持土壤湿润。

四、气体环境及其调控

因设施是一个密闭或半密闭系统,空气流动性小,棚内的气体均匀性较差,与外界交换很少,往往造成蔬菜生长需要的气体严重缺乏,而对蔬菜生长不利的气体或有害的气体又排不出去,使设施内的蔬菜受害。因此,设施内进行合理的气体调控是非常必要的。

1. 设施内的气体环境特点

(1)夜间氧气(O_2)不足

对蔬菜生长发育最重要的是氧气,尤其在夜间,光合作用因为黑暗的环境而不再进行,呼吸作用则需要充足的氧气。地上部分的生长需氧来自空气,而地下部分根系的形成,特别是侧根及根毛的形成,需要土壤中有足够的氧气,否则根系会因为缺氧而窒息死亡。

(2)二氧化碳(CO_2)缺乏

对蔬菜生长发育最重要的是氧气和二氧化碳气体,氧气对蔬菜根系生长发育起作用,二氧化碳是光合作用的原料,在蔬菜生长发育过程中必不可少。由于设施内蔬菜的光合作用需要大量的二氧化碳气体,而设施内与外界交换很少,二氧化碳难以及时补充,造成严重亏缺,这是设施气体变化的主要特点。二氧化碳浓度在夜间、凌晨、傍晚较高,而白天较低。在蔬菜冠层内的二氧化碳浓度变化规律明显不同,一般蔬菜冠层上部最高,下部次之;而中部分布的主要是功能叶,光合作用最旺盛,因此,二氧化碳浓度最低,中午前进行二氧化碳施肥十分必要。

(3)易发生有害气体危害

在密闭的设施内,由于施肥、采暖、塑料薄膜等技术的应用,往往会产生一些有害气体,如氨气(NH_3)、二氧化氮(NO_2)、一氧化碳(CO)、二氧化硫(SO_2)、乙烯(C_2H_4)、氯气(Cl_2)、氟化氢(HF)等,若不及时将这些气体排出,就会对蔬菜作物造成较大的危害。

2. 二氧化碳施肥技术

二氧化碳是绿色植物光合作用的主要原料,大气中二氧化碳浓度为0.03%,远低于一般蔬菜二氧化碳的饱和点(0.10%~0.16%),不能满足光合作用的需要。棚室设施条件下,在寒冷季节用薄膜严密覆盖,致使棚室内白天二氧化碳严重亏缺,已成为限制棚室蔬菜光合生产力及其产量、产值的重要因素。二氧化碳施肥技术在我国北方棚室蔬菜育苗和蔬菜果树生产上已经推广应用,具体作用表现为:培育壮苗,促早发,促进坐果和果实肥大,增产,改善商品品质和内在品质,抑制和减轻病害等。

(1)二氧化碳肥源

1)利用微生物分解有机物产生二氧化碳

常见的方式有增施有机肥(如人畜粪肥、作物秸秆、杂草落叶等)和棚室内种植食用菌(如平菇)。据调查,施用秸秆堆肥4.5 kg/m²,可产生二氧化碳气体1~3 g/(m² · h),可使保护地在30 d内二氧化碳平均浓度达到600~800 μL/L。又据测定,在温室后坡下种植平菇,出菇期间(17~25 ℃),可产生二氧化碳气体8~10 g/(m² · h)。可见,增施有机肥和种植食用菌,在一定时期内对提高棚室内二氧化碳浓度有十分明显的作用;但微生物分解有机物质释放二氧化碳的过程是缓慢的,其二氧化碳释放量也小,经夜间累积的二氧化碳,不能满足蔬菜生育中后期叶面积指数较大光合作用对二氧化碳的大量需求。此法有一定局限性,只能作为补充室内二氧化碳的辅助措施。

2)燃烧碳素或碳氢化合物产生二氧化碳

此法主要是利用燃具二氧化碳发生器点燃可燃性原料,如煤油、石油液化气、天然气、沼气、煤炭、焦炭等,产生二氧化碳。通常,1 kg白煤油或石油液化气、沼气等可产生二氧化碳气体约3 kg,可使667 m²大棚(按体积约1000 m³计)内二氧化碳浓度增加约1500 μL/L,加温温室内的燃煤炉火可以明显提高室内二氧化碳浓度。此法优点是简单易行,易于控制二氧化碳释放量及时间;但有些地区燃料供应紧张或价格较高时不易采用。另外,燃烧煤油、石油液化气、煤炭等产生二氧化碳的同时,会相伴产生二氧化硫和一氧化碳等有害气体,危害蔬菜。温室气肥增施装置,利用普通炉具和燃煤,对燃气有害气体经净化处理后获得纯净二氧化碳。可使棚室内二氧化碳浓度提高到1500 μL/L左右。在333 m²棚室内使用1台温室气肥增施装置,每日耗煤、电、药等费用1.5元左右。燃烧法通常还可使棚室内气温提高1~2 ℃,严寒季节有促进蔬菜光合及生长发育的作用。

3)液态二氧化碳或固态二氧化碳

液态二氧化碳气肥为酒精工业的副产品二氧化碳加压灌 A 钢瓶而制成。将二氧化碳钢瓶放在温室或大棚内,连接减压阀和导气塑料管即可施放二氧化碳。导气管一般固定在距棚顶 30 cm 左右高处,管径 11 cm 左右,每隔 1.00～1.50 m 用细针烙成直径约 2 mm 的气体释放孔。此法优点是使用方便、无污染、容易控制放用量和施放时间。适于货源充足、价格便宜的地区采用。缺点是需钢瓶,成本较高。

固态二氧化碳又称干冰,是气态二氧化碳在低温(−85 ℃)下变成的固态粉末。在常温常压下,干冰可气化成二氧化碳气体。1 kg 干冰可生成 1 kg 二氧化碳气体。此法的缺点是成本高、需冷冻设备、贮运不方便。

4)化学反应法产生二氧化碳

此法常见的有:碳酸氢铵—硫酸法、石灰石—盐酸或硝酸法。其中,碳酸氢铵—硫酸法,取材容易,成本低,操作简单,易于农村推广,特别是在产生二氧化碳的同时还生成硫酸铵化肥,可用于田间追肥。

5)利用碳酸氢铵—硫酸法产生二氧化碳气体

装置通常是采用耐酸塑料桶,原料采用碳酸氢铵化肥和工业浓硫酸(浓度为 95% 左右)。一般,硫酸浓度过高,与碳酸氢铵反应过程中,会产生含硫有害气体。通常将工业浓硫酸与水按 1∶3 稀释。稀释方法:将耐酸塑料桶中注入 3 份水,然后边搅拌边沿桶壁缓慢加入 1 份工业浓硫酸,冷却至室温备用。注意严禁将水倒入浓硫酸中,以防硫酸飞溅。如果不小心,浓硫酸溅到皮肤上,应立即用大量清水冲洗。一般 5.00 kg 碳酸氢铵加 3.25 kg 工业浓硫酸,可产生二氧化碳气体 2.80 kg,可使 667 m² 日光温室(按平均高度 1.5 m 计)内二氧化碳浓度增加约 1400 μL/L。

二氧化碳气体密度为 1.98 kg/m³。空气密度为 1.29 kg/m³。因此,二氧化碳气体比空气重,扩散慢。为使棚室内施放的二氧化碳气体尽量分布均匀,一般每 667 m² 棚室内需设点 10～30 个。设点太多,每天工作量太大。每点塑料桶应悬挂在温室中柱上部或大棚走廊上部,以便二氧化碳气体下沉,便于叶片吸收。塑料桶不要靠近蔬菜植株,防止叶片伤害。

6)二氧化碳颗粒气肥

目前国内一些厂家生产的二氧化碳颗粒气肥,呈不规则圆球形,直径 0.5～1.0 cm,理化性质稳定,施入土壤遇潮后,可连续缓慢产生二氧化碳气体,使用方便、安全可靠。在 667 m² 棚室内一次施用 40～50 kg 颗粒气肥,可连续 40 d 以上不断释放二氧化碳气体,使棚室内二氧化碳浓度增加,而且释放二氧化碳气体的浓度,随光照强弱和温度高低自动调节。颗粒气肥的施用方式有:沟施,一般开沟深 2～3 cm,均匀撒入颗粒气肥后覆土 1 cm 厚;穴肥,一般开沟深 3 cm,每穴撒入颗粒气肥 20～30 粒,覆土 1 cm 厚;畦面撒肥,将颗粒气肥撒在畦面近植株根部附近即可。

(2)二氧化碳施用技术

1)二氧化碳施用浓度

为充分发挥功能叶片的光合能力,尽量获得最大净光合速率,二氧化碳施用的适宜浓度应以蔬菜的二氧化碳饱和点为参照点。但是,实际生产状态中,蔬菜的二氧化碳饱和点,受品种、光照度、温度等因素的影响较大,不易准确把握。如:群体上、中、下层的光照状况以及叶片的受光姿态差异较大,则二氧化碳饱和点差异较大。因此,生产中常进行经验型施放二氧化碳。其二氧化碳施放浓度一般掌握在 700～1400 μL/L。一般,晴天比阴天高些;而雨雪天气光照过弱不宜施放二氧化碳。二氧化碳施用浓度不宜过高,以防抑制蔬菜生长发育或造成植株伤害。

2)二氧化碳施用量

二氧化碳气肥通常在棚室蔬菜群体光合作用旺盛的时期内施放。每日二氧化碳施用量,应以棚室蔬菜群体光合作用日进程中的旺盛时期内的二氧化碳同化需求量相接近,其计算公式如下:

$$每日 CO_2 施用量(g)=群体平均净光合速率×叶面积指数×棚室面积×$$
$$每日光合盛期时间×100÷1000$$

以大棚早熟辣椒结果初期为例,大棚辣椒面积为 667 m^2. 其结果初期叶面积指数(LAI)为 3.5 m^2/m^2,在二氧化碳施用浓度 700 $\mu L/L$ 下,群体平均净光合速率取 20 mg/(dm^2 • h)[①],一天内二氧化碳同化旺盛时间取 8:30—10:30,即 2 h,则每日二氧化碳施用量为 20 mg/(dm^2 • h)• m^2 • h× 3.5 m^2×667 m^2×2 h×100÷1000=9338 g 二氧化碳。因此,大棚辣椒结果初期,应保持适宜二氧化碳浓度前提下,在 8:30—10:30 施放 9338 g 二氧化碳。

3)二氧化碳施放方式

针对上例,若将 9338 g 二氧化碳一次施放于大棚内,会使棚内二氧化碳浓度过高。

施放二氧化碳浓度=509.1×施入二氧化碳量(g)÷棚室面积(m^2)÷棚室平均高度(m)。

为保持适宜施放浓度,二氧化碳施放方式可采用连续施放和分次施放两种方式。在连续稳恒二氧化碳施放条件下,棚室蔬菜功能叶的净光合速率才能维持高水平状态。一般有机质、颗粒气肥、温室气肥增施装置等二氧化碳肥源为自然连续施放二氧化碳方式,但因其二氧化碳释放缓慢,一般难与光合二氧化碳同化速率相同步。而其他肥源如燃油、燃气、液态二氧化碳等需加装调控释放量装置或二氧化碳浓度监测系统装置,才可进行比较理想的二氧化碳连续施放,但这会大大增加投资成本。在目前条件下,宜采用分次施放二氧化碳方式。但是分次施放会使棚室内二氧化碳浓度不稳定,忽高忽低。因此,要掌握好分次施放二氧化碳的时间间隔和每次施放补气量。一般以每小时施放 1～5 次为宜。次数过多,工作量太大。

4)二氧化碳施用时期和时间

多数果菜类蔬菜宜在结果期间施用二氧化碳,而在定植后至坐果前不宜施用,以免造成植株徒长和落花落果问题。二氧化碳施放应在光合作用旺盛期和棚室密闭不放风的时间内进行。棚室蔬菜二氧化碳施肥的适宜季节在 11 月至翌年 3 月或 4 月。5 月、6 月气温较高,开棚放风时间较早,不宜施放二氧化碳。施放二氧化碳的时间宜在上午揭苫之后或日出之后 0.5～1.0 h 开始,至通风前 0.5～1.0 h 停止。

5)二氧化碳施肥时棚室小气候调控技术

为尽量发挥二氧化碳施肥效果,减少二氧化碳释放后的损失,提高产投比,棚室内的小气候调控管理应与之相配合。首先,二氧化碳施肥应以日照状况为基础,并配合温度及放风管理。光照充足时,施用二氧化碳浓度宜高,施用量也应适当增加。其次,应适当增加水肥供应,以满足二氧化碳施肥时,蔬菜光合作用和其他生理代谢活性增强的需求,从而充分发挥二氧化碳施肥的效应。在停止施用二氧化碳的方法上,应逐渐降低使用浓度,直至停止施用,避免突然停止施用。另外,二氧化碳施肥期间,有些气源如煤炭、燃油等会产生有害气体,或偶有硫酸飞溅事故发生,应加以重视。

---

① dm^2 为平方分米,如 20 mg/dm^2 为每小时每平方分米面积上所需 CO_2 为 20 mg

3. 预防有毒气体危害

（1）氨气和二氧化氮

主要是在肥料分解过程中产生，氨气和二氧化氮逸出土壤，散布到室内空气中，通过叶片的气孔侵入细胞造成危害。主要危害蔬菜的叶片，分解叶绿素。

1）危害症状

开始叶片呈水浸状，以后逐渐变黄色或淡褐色，严重的可导致全株死亡。容易受害的蔬菜有黄瓜、番茄、辣椒等。受害起始浓度为 $5\ \mu L/L$。二氧化氮的危害症状是在叶的表面叶脉间出现不规则的水渍状伤害，然后很快使细胞破裂，逐步扩大到整个叶片，产生不规则的坏死。严重时叶肉漂白致死，叶脉也变成白色。它主要危害靠近地面的叶片，对新叶危害较少。黄瓜、茄子等蔬菜容易受害，受害起始浓度为 $2\ \mu L/L$。两种气体的共同特点是受害后 $2\sim3\ d$ 受害部分变干，向叶面方向凸起，而且与健康部分界限分明。氨气中毒的病部颜色偏深，呈黄褐色，二氧化氮呈黄白色。pH>8.5 时为氨气中毒，pH<8.2 时为二氧化氮中毒。

2）发生条件

向碱性土壤施硫酸铵或向铵态氮含量高的土壤一次过量施用尿素或铵态氮化肥后（10 d 左右），施用未腐熟的鸡粪、饼肥等，都会有氨气和二氧化氮产生，土壤呈强酸性（pH<5）、土壤干旱、盐分浓度过高（>5000 mg/kg）都容易出现氨气和二氧化氮危害。

3）预防方法

不施用未腐熟的有机肥，严格禁止在土壤表面追施生鸡粪和在有蔬菜生长的温室内发酵生粪。一次追施尿素或铵态氮肥不可过多，并埋入土中。注意施肥与灌水相结合。一旦发现上述气体危害，应及时通风换气并大量灌水。土壤酸度过大时，可适当施用生石灰和硝化抑制剂。

（2）二氧化硫和一氧化碳

菠菜、菜豆对二氧化硫非常敏感，当浓度在 $0.3\sim0.5\ \mu L/L$ 就可受害。一般在 $1\sim5\ \mu L/L$ 时大部分蔬菜受害。番茄、菠菜叶面出现灰白斑或黄白斑，茄子出现褐斑。嫩叶容易受害。临时炉火加温使用含二氧化硫高的燃料而且排烟不好就容易发生气害。要使用含硫量低的煤加温，疏通烟道，必要时应用鼓风机使煤充分燃烧。

（3）乙烯

黄瓜、番茄对乙烯敏感，当浓度达到 $0.05\ \mu L/L6h$ 受害。达到 $0.1\ \mu L/L2h$，番茄叶片下垂弯曲变黄褐色。达到 $1\ \mu L/L$ 时，大部分蔬菜叶缘或时脉之间发黄，而后变白枯死。

乙烯的来源为乙烯利及乙烯制品。如有毒的塑料制品，因产品质量不好，在使用过程中经阳光曝晒就可挥发出乙烯气体。乙烯利使用浓度过大，也会产生乙烯气体。为避免乙烯危害，应注意塑料制品质量，使用乙烯利的浓度不可过大，并适当通风。

（4）其他有毒气体

如果蔬菜设施建在空气污染严重的工厂附近，工厂排出的有毒气体如氨气、二氧化硫、氯气、氯化氢、氟化氢以及煤烟粉尘、金属飘尘等都可从外部通过气体交换进入室内，给蔬菜造成危害。预防方法是避免在污染严重的工厂附近修建温室大棚等设施。

五、土壤环境及其调控技术

土壤是蔬菜赖以生存的基础，蔬菜生长发育所需要的养分与水分，都需从土壤中获得。所以,蔬菜设施内的土壤营养状况直接关系蔬菜的产量和品质,是十分重要的环境条件。

1. 设施内的土壤特点

(1)土壤养分转化、分解速度快

设施土壤温度一般高于露地,土壤中微生物的繁殖和分解活动全年都很旺盛,施入土中的有机肥和土壤中固定的养分分解速度快,利于作物吸收利用。

(2)土壤表层盐分浓度大

由于设施内大量施肥,造成作物不能吸收的盐类积累,同时,受土壤水分蒸发的影响,盐类随着水分向上移动积累在土壤表层。土壤中盐类浓度过大,对蔬菜生长发育不利。土壤类型影响盐分的积累,一般砂质、瘠薄土壤缓冲力低,盐分容易升高,对蔬菜产生危害时的盐分浓度较低;黏质、肥沃土壤缓冲力强,盐分升高慢,对作物产生危害时的盐分浓度较高。盐分浓度大影响作物吸水,诱发生理干旱,盐分浓度大的土壤孔隙度小,水分不容易下渗,可加重作物的吸水障碍,因此,在干旱土壤中作物更容易发生盐害。

一般作物的盐害表现为植株矮小,生育不良,叶色浓而有时表面覆盖一层蜡质,严重时从叶缘开始枯干或变褐色向内卷,根变褐以至枯死。盐类聚集时容易诱发植物缺钙。

(3)土壤酸化

施肥不当是引起土壤酸化的主要原因。氮肥用量过多,如基肥中大量施用含氮量高的鸡粪、饼肥和油渣,追肥中施用大量氮素化肥等,土壤中硝酸根离子多,温室内浇水少,又缺少雨淋,更加剧了硝酸根的过度积累,引起土壤 pH 下降。此外,过多施用氯化钾、硫酸铵、过磷酸钙等生理酸性肥也会导致土壤酸性增强。土壤酸化可引发缺素症(磷、钙、钾、镁、钼等),在酸性土壤中,作物容易吸收过多的锰和铝,抑制酶活性,影响矿质吸收,pH 过低不利于微生物活动,影响肥料(尤其是氮)的分解和转化,严重时直接破坏根系的生理功能,导致植株死亡。

(4)土壤营养失衡

在平衡施肥条件下,土壤溶液为平衡溶液,各离子间通过拮抗作用保持一种平衡关系,使根系能够均衡吸收各种营养元素。如果长期偏施一种肥料会破坏各离子间的平衡关系,影响土壤中某些离子的吸收,人为引发缺素症,而过量施肥又会引起营养元素过剩。设施蔬菜连作栽培时,作物吸收的养分离子相对固定,也容易引起某些离子缺乏,而另一些离子过剩。此外,土壤酸化和盐分积累是发生缺素症的另一个重要原因。

土壤养分失衡时蔬菜容易出现以下生理障碍:①氨中毒,表现为叶色深、卷叶。②缺硼,表现为黄瓜茎尖细,叶片小;番茄生长点枯萎;芹菜心腐;莴苣干烧心。③缺钙,如番茄脐裂,番茄和辣椒脐腐病,甘蓝和大白菜烧心(夹皮烂)等。

(5)土壤中病原菌聚集

由于设施内经常进行连作栽培,种植茬次多,土地休闲期短,使得土壤中有益微生物的生长受到抑制,土壤病原菌增殖迅速,土壤微生物平衡遭到破坏,这不仅影响了土壤肥料的分解和转化,还使土传病害及其他病害日益严重,造成连作障碍。设施内多发的土传病害为黄瓜等瓜类的枯萎病、茄子黄萎病、番茄根腐病等。

2. 设施内土壤的管理

(1)减轻或防止盐害

设施内增施有机肥,提高土壤对盐分的缓冲能力;根据蔬菜种类进行配方施肥,避免超量施肥,增加土壤盐溶液浓度;土壤深耕,改进理化性质;地膜覆盖,防止水分大量蒸发,表土积盐;夏季种植盐蒿、苏丹草等盐生植物吸收耕层的盐分;在设施闲置季节大量灌水洗盐等。

（2）防止土壤酸化

根据土壤 pH 值需要选择合适的肥料,其中硝酸钙、硝酸钾增加 pH 值,硝酸铵、硫酸铵降低 pH 值,容易造成酸化。在酸性土壤中可施用石灰增加 pH 值,如在翻地时撒生石灰,如用熟石灰用量可减少 1/2～2/3。

（3）防止营养过剩或营养失调

测土施肥,避免盲目施肥,以基肥和追肥并重;增施有机肥;根据肥料特性施肥,多种肥料配合使用;磷肥当年利用率低,需隔年深施作基肥;钾肥在缺钾地块施用时利用率高,以基肥为主,追肥为辅,追施在表土下,防止被固定。

（4）克服连作障碍

克服连作障碍措施:①轮作。采用不同科的蔬菜进行一定年限的轮作。其作用在于调节地力,改变土壤病原菌的寄主,改变微生物群落。②土壤消毒。可以采用物理消毒和化学消毒两类方法杀灭土壤中的致病菌,物理消毒包括蒸汽消毒和太阳能消毒等方式,太阳能消毒的做法是:夏季用（10000～15000 kg/hm²）稻草段和熟石灰（1000 kg/hm²）与土混匀,地面盖严旧膜,密闭温室升地温（白天 70 ℃,夜间 25 ℃）,保持 20～30 d。化学消毒可采用 40% 甲醛溶液50～100 倍液消毒。③换土。换土是改善设施土壤环境最有效的办法,但是劳动强度大。④嫁接育苗。多采用抗病力强的野生种或栽培种作砧木,与栽培品种进行嫁接,增强栽培品种的抗性,抑制土传病害的发生。如白籽或灰籽南瓜嫁接防治黄瓜枯萎病,瓠瓜嫁接防止西瓜枯萎病,托鲁巴姆茄或番茄嫁接防治茄子黄萎病等。⑤无土栽培。无土栽培是集近代农业技术、节能、节水的新型的蔬菜栽培方式。它是指不用天然土壤栽培蔬菜,而将蔬菜栽培在营养液中,或栽培在沙砾、蛭石、草炭等非土壤介质中,靠人为供给营养液来生长发育,并完成整个生命周期的栽培方式。无土栽培由于不用土壤,是解决设施连作障碍的有效途径。

第四节　蔬菜播种、移栽和采收期

蔬菜是人们每天生活所不可缺少的食物,随着社会的发展进步和人们生活水平的不断提高,不仅对蔬菜品种的数量,而且对蔬菜花色品种的多样性和蔬菜营养价值的要求也越来越高,为此,根据长沙县的气候特点和多年蔬菜生产实践与蔬菜气象科研总结出长沙县蔬菜的播种期、移栽期和采收上市期如表 7.11。

表 7.11　长沙县蔬菜播种、移栽、采收期及各月气象条件

月份	蔬菜名称	播种方式	播种时期（节气）	移栽时期（节气）	收获期（节气）	气象条件					
						平均气温/℃	最高气温/℃	最低气温/℃	降水量/mm	日照时数/h	主要农业气象灾害
1	中熟辣椒	育苗	小寒 立春	清明 立夏	夏至 立秋	5.0	24.0	−6.3	78.7	65.0	霜雪冰冻
	早茄子	育苗	小寒 大寒	清明 谷雨	芒种 立秋						
	马铃薯	直播	大寒 立春		小满 前后						

续表

月份	蔬菜名称	播种方式	播种时期（节气）	移栽时期（节气）	收获期（节气）	气象条件					主要农业气象灾害
						平均气温/℃	最高气温/℃	最低气温/℃	降水量/mm	日照时数/h	
2	春小白菜	育苗	立春 春分	惊蛰 谷雨	谷雨 小满	7.3	30.5	−8.9	99.7	59.4	低温冰冻
	春莴笋	育苗	立春 雨水	春分后	立夏 小满						
	迟番茄	育苗	雨水 惊蛰	清明 立夏	大暑 处暑						
	西胡瓜	育苗	雨水 惊蛰	春分 前后	小满 夏至						
	春茼蒿	直播	雨水 惊蛰		清明 立夏						
	中熟茄子	育苗	立春 惊蛰	清明 立夏	芒种 霜降						
3	黄瓜	育苗	惊蛰 春分	清明 谷雨	立夏 夏至	11.2	32.6	−1.8	149.5	72.3	倒春寒
	白瓜	育苗	惊蛰 春分	清明 谷雨	芒种 小暑						
	冬瓜	育苗	惊蛰 春分	清明 谷雨	大暑 秋分						
	南瓜	育苗	惊蛰 春分	春分 清明	芒种 立秋						
	黄水南瓜	育苗	惊蛰 春分	清明 前后	芒种 大暑						
	丝瓜	育苗	惊蛰 春分	清明 谷雨	芒种 秋分						
	苦瓜	育苗	惊蛰 春分	清明 谷雨	芒种 秋分						
	矮四月豆	育苗	惊蛰前	春分后	立夏 小满						
	长四月豆	育苗	惊蛰 春分	春分 清明	小满 夏至						
	春韭菜	直播	惊蛰 春分	寒露 霜降	四季 可收						
	早豆角	育苗	春分 清明	清明 谷雨	小满 立秋						
	刀豆	育苗	春分 清明	谷雨 立夏	芒种 寒露						
	水芋	育苗	春分前后	谷雨前后	秋分 寒露						
	空心菜	直播	春分 小满		芒种 寒露						
	春葱球	育苗	春分 清明	芒种 小暑	冬至 小寒						
	春木耳菜	直播	春分 谷雨		小满 夏至						
	春黄芽白	育苗	惊蛰 春分	清明 谷雨	小满前后						
	苋菜	直播	惊蛰 大暑		小满 白露						
	迟熟辣椒	育苗	雨水 清明	清明 立夏	夏至 立冬						
4	干芋	直播	清明 谷雨		白露 秋分	17.6	35.7	2.6	200.9	99.5	阴雨低温冰雹大风
	迟豆角	直播	清明 夏至		立秋 处暑						
	娥眉豆	育苗	清明 谷雨	谷雨 立夏	夏至 寒露						
	凉薯	育苗/直播	清明前后	谷雨前后	白露 霜降						
	迟熟茄子	育苗	谷雨 立夏	小满 芒种	大暑 霜降						
	菜瓜	育苗	谷雨 立夏	立夏 小满	大暑 处暑						
	生姜	直播	谷雨后		寒露 霜降						
	脚板薯	直播	谷雨 立夏		寒露 霜降						
	茭瓜	分株		谷雨 立夏	秋分 霜降						
	田藕	直播		谷雨后	立秋 寒露						

续表

月份	蔬菜名称	播种方式	播种时期（节气）	移栽时期（节气）	收获期（节气）	气象条件					主要农业气象灾害
						平均气温/℃	最高气温/℃	最低气温/℃	降水量/mm	日照时数/h	
5	夏木耳菜	直播	立夏 大暑		夏至 处暑	22.6	36.7	8.9	188.3	138.9	梅雨 低温
	热水小白菜	直播	小满 大暑		夏至 处暑						
6	热水菜	直播			大暑 秋分	26	37.7	13.2	225.2	142.1	暴雨洪涝
	秋茄子	育苗	夏至 小暑	大暑 立秋	白露 霜降						
	秋番茄	育苗	夏至 小暑	大暑 立秋	白露 霜降						
7	秋黄瓜	直播	大暑 前后		处暑 白露	29.4	40.7	18.7	133.3	228.3	火南风 高温伏旱
	秋豆角	直播	小暑 大暑		白露 霜降						
	秋四季豆	直播	大暑 立秋		秋分 霜降						
	秋空心菜	直播	小暑 处暑		立秋 寒露						
	早萝卜	直播	小暑 立秋		白露 秋分						
	早芹菜	育苗	大暑 处暑	白露 前后	寒露 霜降						
	早黄芽菜	育苗	大暑 立秋	处暑后	寒露 霜降						
	早包菜	育苗	小暑 大暑	立秋 处暑	寒露 霜降						
	早白菜	育苗	大暑前后	处暑后	寒露 霜降						
	早球茎甘蓝	育苗	小暑 大暑	立秋 处暑	霜降 立冬						
	早红萝卜	直播	大暑 立秋		立冬 立春						
	早红菜薹	育苗	大暑 立秋	立秋 处暑	白露 霜降						
	秋小白菜	育苗	大暑 立秋	立秋 处暑	白露 秋分						
	甘蓝	育苗	大暑 立秋	处暑 白露	立冬 雨水						
	球茎甘兰	育苗	大暑 处暑	白露 秋分	寒露 冬至						
	60天花菜	育苗	小暑 大暑	立秋 处暑	秋分 霜降						
	80天花菜	育苗	大暑 立秋	处暑 白露	立冬 小雪						
	120天花菜	育苗	大暑 立秋	处暑 白露	小雪 前后						
	中熟芹菜	育苗	大暑 立秋	白露 秋分	霜降 大寒						
8	秋木耳菜	直播	立秋 处暑		白露 寒露	28.5	41.1	18.5	115.8	205.7	高温干旱
	秋菠菜	直播	立秋 白露		寒露 霜降						
	红萝卜	直播	立秋 处暑		立春前后						
	冬寒菜	直播	立秋 秋分		寒露 春分						
	大蒜	直播	立秋 秋分		霜降 清明						
	莴头	直播	立秋 处暑		大寒 小满						
	秋莴笋	育苗	处暑前	秋分前	霜降 立冬						
	秋马铃薯	直播	处暑 白露		大雪 冬至						
	长萝卜	育苗	处暑 秋分		霜降 大雪						
	红菜薹	育苗	处暑 白露	白露 寒露	立冬 大寒						
	四季葱	分株	处暑 白露		寒露 春分						
	中熟黄芽菜	育苗	处暑 白露	秋分后	冬至 大寒						

月份	蔬菜名称	播种方式	播种时期（节气）	移栽时期（节气）	收获期（节气）	气象条件					
						平均气温/℃	最高气温/℃	最低气温/℃	降水量/mm	日照时数/h	主要农业气象灾害
9	茼蒿	直播	白露 秋分		霜降 立冬	24.3	38.3	12.6	74.4	151.3	干旱 寒露风
	白菜	育苗	白露前后	寒露	立冬 小雪						
	榨菜	育苗	白露 秋分	寒露 霜降	冬至 小寒						
	大葱	育苗	白露	小雪 大雪	立夏 小满						
	迟熟黄芽白	育苗	寒露前后	霜降前后	大寒 立春						
	迟熟芹菜	育苗	秋分 霜降	立冬 冬至	大寒 清明						
10	春甘蓝	育苗	寒露 霜降	冬至 大寒	小满 前后	18.8	35.6	24.0	75.2	128.8	低温阴雨 干旱
	四月曼	育苗	寒露 霜降	小雪 冬至	惊蛰 谷雨						
11	大葱	育苗		小雪 大雪	立夏 小满	12.8	32.2	−2.3	79.5	113.4	霜冻
	迟熟芹菜	育苗		立冬 冬至	大寒 清明						
12	早熟辣椒	育苗	大雪 大寒	清明 谷雨	芒种 霜降	7.2	24.4	−11.7	48.9	106.2	冰雪 冰冻
	早番茄	育苗	大雪 大寒	春分 清明	小满 立秋						
	五月曼	育苗	大雪 大寒	立春 春分	谷雨 立夏						

第八章　气象与茶叶

第一节　茶叶生产的气候生态特征

茶树原产于我国云贵高原,喜温和湿润的气候环境,茶树为多年生灌木,在露地生产,受天气、气候条件的影响大,光、热、水、气是茶树生存和生长发育的基本条件,在目前的科学技术水平条件下,茶叶生产基本上还是气候雨养型产业,还未能摆脱天气气候条件的影响。早春低温晚霜,夏秋干旱、高温热害与冬季冰冻等气象灾害还是制约茶叶优质、高产、稳产的瓶颈。因而,了解茶树生长发育与产量形成对气象条件的要求,研究和掌握茶树气象灾害的发生规律及防御措施,趋利避害,对防御和减轻气象灾害损失,降低生产成本,增加产能效益,具有十分重要的意义。

春茶在早春日平均气温上升到 10 ℃左右时,茶芽开始萌动,天气逐渐晴暖,日平均气温上升到 10~15 ℃时,茶芽开始膨大(萌动)。根据 2011 年在长沙县全井茶场的茶叶物候观测资料,3 月 13 日茶叶芽膨大(萌动);3 月 19 日,鱼叶展开(萌发);4 月 6 日第一片真叶展开;4 月 11 日出现第 2 片真叶;4 月 16 日第 3 片真叶形成。对观测资料统计发现,叶芽膨大(萌动)至鱼叶展开(萌发),经历日数 6 d,日平均气温≥10 ℃活动积温 71.3 ℃·d;鱼叶展开至第 1 片真叶经历日数 18 d,日平均气温活动积温≥10 ℃,活动积温 255.3 ℃·d;第 1 片真叶至第 2 片真叶,经历日数 5 d,日平均气温≥10 ℃活动积温 94.2 ℃·d,第 1 片真叶至第 3 片真叶经历日数 5 d,日平均气温≥10 ℃活动积温 77.5 ℃·d。春芽萌动至第 3 片真叶经历日数 34 d,日平均气温≥10 ℃,活动积温 498.3 ℃,降水量 207.2 mm,雨日 19 d,日照时数 104.2 h,日照百分率为 25%左右,平均相对湿度 82%,气候温暖湿润,多漫射光,有利于春茶的优质高产。

夏茶一般在小满至立秋(5 月下旬至 8 月上旬)期间萌发、生长,5 月下旬至 6 月上旬平均气温 23~27 ℃,日照百分率为 33%左右,气候温暖湿润,有利于茶叶嫩叶生长,但 7 月上旬雨季结束,受西太平洋副热带高压控制,平均气温上升至 30 ℃左右,降水少,蒸发量大,日照百分率达 54%,不利于茶叶夏梢生长。

秋茶一般在立秋后至霜降前后采摘,受西太平洋副热带高压边缘和台风影响,降水增多,旱象有所缓和,日照百分率在 41%~37%,对秋鞘出生有利。因而,抗旱灌溉是确保茶叶高产优质的重要措施。茶叶生育期间的主要气象要素见表 8.1。

表 8.1　茶叶生育期间气象要素

茶季	春茶						夏茶								秋茶										
节气	春分	清明			小满										立秋								霜降		
月	3	4	4	4	5	5	5	6	6	6	7	7	7	8	8	8	9	9	9	10	10	10	11	11	11
旬	下	上	中	下	上	中	下	上	中	下	上	中	下	上	中	下	上	中	下	上	中	下	上	中	下
旬平均气温/℃	12.3	15.9	13.5	19.5	21.4	22.4	23.7	25.1	25.9	27.1	28.7	29.7	29.7	29.8	28.4	27.5	26.1	24.2	22.6	20.6	19.0	16.8	15.3	12.4	10.8
旬降水量/mm	50.3	69.2	7.16	60.1	66.5	57.8	64.0	70.9	85.9	68.4	53.6	30.2	49.5	29.8	49.7	46.3	43.5	13.2	18.9	21.4	26.8	27.0	32.8	31.6	18.6

续表

茶季	春茶							夏茶									秋茶								
节气	春分	清明						小满						立秋									霜降		
月	3	4			5			6			7			8			9			10			11		
旬	下	上	中	下	上	中	下	上	中	下	上	中	下	上	中	下	上	中	下	上	中	下	上	中	下
旬日照时数/h	27.7	31.2	35.5	40.7	33.1	35.2	52.7	58.0	49.4	50.8	78.7	80.4	100.6	80.8	72.4	86.3	71.2	57.8	52.3	48.0	48.6	50.6	44.4	35.4	42.1
旬蒸发量/mm	23.2	28.2	32.9	37.7	33.9	36.3	49.5	53.6	48.2	54.8	77.1	80.8	92.6	75.7	67.0	74.9	63.0	53.4	45.7	40.6	37.3	32.1	26.6	21.1	22.0

第二节　茶叶生长发育与气象条件的关系

一、茶树生长发育与气温的关系

1. 茶树生长的适宜温度

日平均气温为 10 ℃左右时,茶芽开始萌发,10～16 ℃时,茶芽开始伸长,叶片展开。日平均气温为 17～25 ℃时,新梢生长旺盛。新梢的生长量在气温 15～25 ℃,随着温度的升高而增加,在最适宜的温度 20～25 ℃左右,新梢生长快,每日平均伸长 1.5 mm 以上,多数超过 2.0 mm。

当气温超过 25 ℃或低于 20 ℃茶叶生长缓慢,大叶种气温稳定维持在 25～30 ℃,相对湿度维持在 75％～85％,新梢伸长良好,轮性正常。

春季白天气温高,生长量大于夜间,夏季白天温度已高于新梢适宜生长温度,白天生长量小于夜间,在温度较低时,光合作用弱,茶叶生长缓慢,产量较低,但芽叶幼嫩,含有效化学成分多,茶叶品质优良。日平均气温 20 ℃以上,但不超过 25 ℃时,茶叶的品质仍较好,日平均气温超过 25 ℃时,茶叶生长很快,但容易粗老,纤维素含量增加,茶叶的品质较差。

2. 茶叶对低温较敏感

气温降到 10 ℃以下,茶芽生长缓慢,甚至停止生长,降低到 0 ℃,茶芽受冻害。茶树忍受的最低气温为 -16～-8 ℃,因品种、物候期、天气条件、地形地势和抚育管理条件方面有差异。中国变种耐寒力最强,印度阿萨姆变种最不耐寒,花和萌幼后的芽最不耐寒。大叶种茶叶在春季温度回升、茶芽萌幼之后,若气温急剧下降到 2～4 ℃时,茶芽就会受冻害;到达 -2 ℃时花蕾不开放,-5～-4 ℃时大部分冻死。

3. 高温对茶树也有影响

日平均气温高于 30 ℃时,茶树新梢生长缓慢或停止。超过 35 ℃且持续 5 d 以上,茶树枝梢枯萎,叶片脱落。晴天,白天上层叶温比气温高 8～12 ℃,由于高温叶绿体遭破坏,蛋白质凝固,酶的活性丧失,细胞原生质受破坏,日平均气温 30 ℃以上,最高气温 35 ℃以上,日平均相对湿度低于 60％,土壤相对持水量在 35％以下时,茶树生育受抑制,天气持续 8～10 d,茶树受害。

4. 土壤温度对茶树根系生长也有影响

茶树根系生长最适宜的土壤温度为 25～30 ℃,茶树根尖一昼夜内可伸长 10～15 mm,而 10 ℃左右的土温对根系生长作用极小。

5. 茶叶扦插发根最适宜的气温

茶叶扦插发根最适宜的气温为 20～30 ℃,尤其在 25 ℃左右时最为理想,地上部与地下部均较发育整齐,温度偏高地上部分生育虽然较好,但地下都发育不良。

二、茶树生育与水、湿条件的关系

水是茶树的重要组成部分,茶树愈幼嫩的部位,其含水量愈高,幼嫩的新梢含水量达 75%～80%,老叶含水量 65%左右。枝干含水量 45%～50%,根部含水量 50%左右,处于休眠状态的叶子含水量 30%左右。每生产 1 kg 鲜茶,茶树平均耗水量 1000～1270 kg。从高产稳产要求出发,年降水量最好在 1500 mm 左右。生长季的降水量在 1000 mm 左右。在降水量为 55 mm 积温为 170 ℃·d 时,可采第一批茶。在雨量 27 mm 积温 380 ℃·d 时,才能采第二批茶。

空气相对湿度 60%以下,茶叶生长受阻碍。空气相对湿度每增加 10%,茶树新梢细胞浓度增加 0.6%,在 10.0%的限度内,细胞浓度越高,茶叶生长越迅速,嫩梢生长快,采轮次数相对增加。生长季降水量少的茶叶味浓,降水量多,茶味淡。土壤湿度相对含水量 75%左右,茶树生长旺盛。土壤相对含水量降至 40%～50%时,茶树生长缓慢。土壤相对含水量降至 30%时,芽叶完全停止生长。当土壤相对含水量达到 70%～80%,比较适宜于茶叶生长。茶树根以相对含水量 60%时生长达高峰,而茶树茎以土壤相对含水量 90%时生长最快。土壤水分过多,由于土壤中氧气供应不足,根系生长不良,土壤中含氧气量大于 10%,根系才能迅速生长。

三、茶叶生长发育与光照的关系

茶树起源于我国西南部的深山密林中,在发育中形成耐荫性,适于漫射光多的环境条件中生育。在漫射光下生育的新梢内含物丰富,持久性好,品质优良。直射光对茶树生长不利,使茶树生长受到抑制。

1. 光照时间缩短

在冬季 6 周白昼短于 11 h 15 min 的临界光周期长度的作用下,茶树通过一个相对休眠期。

2. 光照强度对茶树生育的影响

在光饱和点以上,随着光强的增大,茶树生长减慢,幼年茶树的光饱和点为 2.1 J/(cm^2·min),同化量反而减少。当达到 3.0 J/(cm^2·min)以上时,同化量有轻微的下降,但新梢生长到 4～5 叶以上尚未采摘之前,光饱和点上升至 4.2 J/(cm^2·min),除中午同化量下降之外,其他时间看不出同化量随太阳辐射量的增加而减少的情况。

3. 光照强度对茶叶的品质有一定的影响

绿茶生育在低强度光照环境下对品质有利;而红茶在强光照和高温下生长时,可以提高茶叶中多酚类物质的含量,使红茶汤色浓而味强烈,但不利于香气的形成。茶树的光补偿点为 0.1 J/(cm^2·min),因此,当光照少于 30%时,产量又会降低。

第三节　影响茶叶生育的主要气象灾害及防御措施

一、春季低温

春季茶树冻害主要是由于早春气温回升,茶树生理活动增强,耐寒力下降,萌芽期－3 ℃的低温茶芽受冻,展叶期－2 ℃的低温茶芽受冻;随着发育期的推进,抗寒力愈弱,一芽二叶期为 0 ℃低温即受冻害。所以,早春气温偏高波动大,茶芽萌动后一遇低温容易形成冻害。

1. 春季低温冻害概况

长沙县 1981—2010 年日最低气温低于 0.0 ℃的 30 年平均日数为 15.2 d,低于−2.0 ℃的日数为 4.0 d。主要集中在 12 月、1 月、2 月三个月中,最长日数为 8 d,极端最低气温为−11.7 ℃,出现在 1991 年 12 月 29 日。其中 1 月极端最低气温为−6.3 ℃,2 月极端最低气温为−8.9 ℃,3 月最低气温为−1.8 ℃,12 月为−11.7 ℃;1951—1980 年 30 年最低气温平均值,1 月为−9.6 ℃,2 月为−11.3 ℃,3 月为−2.3 ℃,12 月为 5.5 ℃。1951—1980 年月最低气温低于 0.0 ℃的 30 年平均日数为 19.9 d,低于−5.0 ℃的日数为 1.3 d,因而,春季低温冻害是影响春茶产量高低的重要灾害之一。

2. 防御措施

防御措施:①选栽抗寒品种,提高茶树的抗寒力。②选择背风向阳特殊小地形区域作为茶园,宜选用坡地,避免谷地,一般坡地比平地的气温高 2 ℃左右,谷地又比平地低 2~3 ℃。③栽种前深挖沟施肥,可提高土壤肥力,发挥水、肥、气、热的综合效益。④茶园铺草或丛面盖草,小雪前后,在茶行间铺 10~12 cm 厚的草,可使土壤不受冻。⑤熏烟、覆盖,春末晚霜出现前,可采取熏烟法,可提高温度 3~5 ℃减轻霜冻危害。⑥覆盖薄膜,可提高温度 3~5 ℃,防止霜冻危害。

二、高温热害与夏秋干旱

1. 高温热害出现概况

茶树对高温热害的适应能力一般品种是最高气温 35 ℃以上生长受抑制,40 ℃以上树叶受灼伤。

长沙县≥35 ℃的高温日数年平均为 30 d,最多年份为 52 d,主要高温热害的集中时段在 7 月中旬至 8 月上旬,出现概率为 25%以上(即 4 年一遇),对茶叶的产量和品质影响很大。

2. 夏秋干旱

茶树是喜温作物,生长期月平均降水量需 100 mm 以上,降水量不足会影响茶树正常生长的质量。7—9 月长沙县在西太平洋副热带高压控制下,多晴少雨,此期总降水量为 324 mm,占年总降水量的 22%左右。夏旱出现在 6 月底至 8 月初,出现概率为 41%,秋旱出现在 8 月中旬至 9 月下旬,出现概率为 49%,夏秋连旱占 10%,夏秋干旱对茶树的生长极为不利。

3. 高温热害与夏秋干旱的防御措施

防御措施:①适度遮阴,种植防护林,增加茶树荫蔽度,使茶树处于半阳半阴的环境,削弱夏季的强烈光照,增加漫射光。②及时灌溉,一是洒水,二是灌水。在茶园装置喷灌设施,增加茶园湿度,使土壤持水量在 70%~90%,可降低茶园温度,减轻高温干旱危害。③浅耕除草,铺草覆盖,适当施肥,以减少土壤水分蒸发,降低地温,保持土壤潮湿,抑制杂草滋生,防旱保水,培强抗旱力。④合理采摘,干旱期间的茶叶采摘应坚持勤采、分批采、适时采的原则,实行采一芽二叶或采一芽三叶初展的采摘方法,既有利于抗旱又有利于提高夏秋茶的质量、产量和效益。⑤遭遇高温热害与干旱灾害,应立即补救。待雨透土后,根据枝条干枯程度,分别采取深修剪或重修剪或台割的树冠改造技术,进行修剪。修剪后,必须立即增施肥料,可施速效性氮肥和钾肥、饼肥、农家肥、茶树专用肥等,做到开沟深施,并实行行间铺草,使受害茶叶迅速恢复生机,促进新梢萌发,形成整齐的树冠。为茶叶高产优质夯实基础。

三、冬季冰冻

1. 冬季冰冻出现概况

长沙县的冰冻期一般出现在12月上旬至翌年2月中、下旬。多年平均冰冻现象为3～7 d，最多年达14 d。以1月出现冰冻的天数最多，最多可达7 d，平均为2 d。冰冻从开始形成到消失的整个过程称为一次冰冻现象。一次冰冻的持续时间长短不一，有的仅几小时，甚至几分钟，有的持续几天，甚至持续十多天。历年气象资料统计，冰冻持续5 h的概率为25％；5～12 h的概率为21％；12～24 h的概率为21％；1～5 d的概率为29％；5 d以上的概率为40％；最长持续日数达11 d。

2. 防御措施

防御措施：①科学选择茶园地址，避开冷空气易进难出的地段和低洼处，栽种防风防护林，一般防护林的有效防风范围为林木高度的15～20倍。②防冻保温，冬季冰冻来临前在茶树冠层表面覆盖薄膜或稻草，在茶园地面铺草，可提高地温2～3 ℃，减轻冰冻危害。③冬前灌水保土墒，增强茶树的抗冻能力。④加强培育管理，合理运用各项农艺技术，提高茶树抗寒能力，确保茶树安全越冬。

第四节　充分利用气候资源，因地制宜发展茶叶生产

一、长沙县气候资源适宜于茶树季生长发育和高产优质

适宜茶树的生长发育和产量形成的气候环境条件见表8.2。

表 8.2　茶树对气候环境的要求与长沙县实况对照

生育期	指标及实况	热量			水分			光能
		生育期/d	≥10 ℃活动积温/(℃·d)	平均温度/℃	生物学上限、下限温度与极端温度实况/℃	降水量/mm	相对湿度/%	日照百分率/%
全生育期	指标	181～190	4100～4400	15～22	−4～−16	1000～3000	80	50
	实况	194	4200～5200	178	−18	1473	81	34
萌动期	指标			8～12	10	100～200	80	45
	实况			11	10	139	84	20
春梢期	指标	45～48	500～600	15～25	10	100～200	80	45
	实况	41	580	15～19	10	140～210	83～84	26～33
夏梢期	指标	85～88	2100～2200	20～29	40	100～200	80	50
	实况	92	2235	21～29	40	120～230	77～83	−34～54
秋梢期	指标	51～54	1500～1600	29～21	40	100～200	80	50
	实况	61	1684	28～23	40	93～170	77～82	51～37

从上表可看出：长沙县气候环境条件适宜于茶树的生长、发育和产量形成，并且对优质茶的形成也是有利的。

二、合理利用气候资源,因地制宜发展茶叶

根据茶树的农业气候生态特性,结合长沙县农业气候资源实况,因地制宜地发展茶叶生产,首先要做好茶叶气候区划。

1. 茶叶气候区划指标

茶叶气候区划指标见表8.3。

表8.3 长沙县茶叶气候区划指标

区号	种植气候区划	极端最低气温/℃		年平均气温/℃	≥10 ℃积温/(℃·d)	年降水量/mm
		多年平均值/℃	极值/℃			
I	最适宜气候区 IA	≥3	>−5	>16.5	>6000	>1500
	适宜气候区 IB	≥−10	>−10	>15.0	>4500	>1500
II	次适宜气候区	<−10		>15.0	>4500	<900
		≥−10	>−10	>15.0	<5000	
III	可种植气候区	≥−15		>15.0	<5000	<800
		≥−10		<15.0	>4500	
IV	不可种植气候区	<−15		<15.0	<4500	

2. 长沙县农业气象资源有利于茶树生长发育和优质高产

长沙县1981—2010年30年平均气温为17.6 ℃,日平均气温稳定适过10 ℃的平均初日为3月23日,终日为11月21日,初、终日期间持续日数244 d,≥10 ℃以上活动积温为5545 ℃·d,多年平均降水量为1472.8 mm,3—8月每月降水量均在100.0 mm以上,多年极端最低气温为−11.7 ℃,−10 ℃以上低温出现概率仅为5%,年平均日照时数为1510.0 h,年平均日照百分率为34%。3—4月日照百分率为19%~26%,有利于茶梢生产;5—6月日照百分率为33%~34%,适宜夏梢生长,仅7—8月日照百分率为51%~54%不利于夏梢生长,8月中旬至10月日照百分率为51%~37%,最适宜秋梢生长。

根据绿茶生长喜漫射光多,日照百分率在45%以下的生态环境要求,长沙县3—6月的日照百分率均在45%以下,是绿茶优质高产的有利条件。因而应充分利农业气候资源优势,因地制宜发展绿茶生产。将农业气候资源优势转化成农产品优势,可形成茶叶优质生产的产业。

三、根据天气适时采摘茶叶、实现茶叶稳产高产

茶叶的合理采摘,可提高茶叶品质和保养树体有更多的新梢继续萌发,达到稳产高产。合理采摘,既要考虑当季的收入,又要考虑连年稳产高产的要求,以实现采养结合之目的。

1. 采摘标准

根据茶叶对鲜叶的要求区别。红、绿茶的采摘特征,以一芽二、三叶,对老叶采二、三片较适宜。一个新鞘的中层叶片形大质软,顶端叶片,形小而嫩,是茶叶的上品,基部鱼叶,形小质软,发育不完全,不宜制茶。茶叶内含物以中上层叶片食量较多(表8.4)。要求采下的茶叶质量好,采后树势生长旺盛,就应采上层和中层叶,把下层叶留在树上,以便再发新梢。故红、绿茶以采一芽二叶或一芽三叶为标准,经济效益最大。

黑茶多以采一芽四、五叶及新鞘出现驻芽为标准。

表 8.4 茶树新梢叶片主要成分含量

	多糖类干物/%	氨基氮(干物)/(mg/100g)	水浸出物/(mg/100g)	备注
第一叶	23.55	61.10	45.99	叶片系
第二叶	24.24	61.60	44.23	从上往下数
第三叶	17.84	49.65	42.02	
第四叶	15.24	45.36	41.39	

2. 采摘时间

茶叶采摘时间性极强,"早采一日是个宝,迟采一日便是草",说明了及时采摘茶叶的重要性。

(1)采摘时间

根据茶园年龄和茶类对鲜叶标准的要求而定。壮龄茶园:红、绿茶当茶树上的芽叶在春季有 10%～15%,夏秋季有 5%～10%,达到一芽四叶时可以开采,具体采摘时间见表 8.5。

表 8.5 茶叶采摘时间

	茶季	龄次	采摘时间	季节(节气)
红绿茶	春季	1	3月下旬—5月中旬	清明—小满前
	夏季	2～3	5月下旬—8月上旬	小满后—立秋前
	秋季	4～5	8月上、中旬—10月上、中旬	立秋后—霜降前
黑茶	一等		5月上旬	立夏—小满
	二等		7月上旬	小暑—大暑
	三等		9月下旬	秋分—霜降
高档绿茶			3月上旬	惊蛰前后

(2)根据天气变化和积温,掌握适时开采期是提高春茶品质和价值的重要措施

春梢自萌动开始到一芽一叶需≥10 ℃活动积温为 140 ℃·d,至一芽四叶需 250 ℃·d,在此期间≥10 ℃·d 积温每增加 35 ℃·d 生出一片新叶。每年自 3 月日平均气温稳定通过 10 ℃初日开始,计算≥10 ℃的积温,可预计春茶的适时开采期。因而,做好春茶采摘期的天气和气温预报与服务工作,也是提高春茶品质和产量的一项重要工作。

茶叶生长一叶成熟的叶片,需要 20 d 左右,在叶片伸展过程中可看到三次明显的变化:初展—内卷—外卷—平卷—定型。这时的新梢实际上已是一芽四叶了,在叶片定型前,叶片背面有许多白毫,经过 3 次伸展活动之后,白毫自行脱落,进入成熟阶段。白毫是叶片下表皮上的细胞形成的茸毛,以未开展的芽叶上最显著,富含咖啡碱,加工时有利色香的提高,是茶中珍贵的物质,名贵茶叶就是以白毫多而出奇而价高。如 2012 年在惊蛰前后采摘的春茶每千克售价达 14 万多元,就是由于白毫多的缘故。采取人工园艺措施,增温、提早春茶上市期,是近年茶叶实现增值的一个新趋势。

第九章　气象与葡萄

葡萄是世界性的果树,在我国有悠久的栽培历史,其特点是适应性强,易于管理,结果早,产量高,受益快,经济效益好,营养价值高,发展葡萄生产对于农村脱贫致富、农业增效、农民增收,农业可持续发展都具有重要的意义。

长沙县 20 世纪 60 年代开始引种葡萄小面积种植,由于栽培技术照搬北方一套方法,黑痘病危害严重,遭到失败。自 1976 年以来,通过多年引种试验,科学地分析葡萄不同种群对气候生态环境条件的要求,认真总结以往的经验教训,改进栽培技术,避雨栽培,结合品种比较试验和生产试种,筛选了品种,并逐步繁殖推广,优质葡萄生产如雨后春笋蓬勃地发展起来了。

第一节　葡萄生育与气象条件的关系

一、温度

葡萄树起源于温带、亚热带,为喜温性果树,温度是葡萄生存的最重要的因素。葡萄发芽、生长、开花、结果、落叶进入休眠,主要受温度制约。春季日平均气温稳定超过 10 ℃左右时,葡萄开始萌发生长;而秋季日平均气温稳定降低到 10 ℃左右时,营养生长结束。葡萄生长发育对温度要求有三基点:即开始生长的起点温度为 10 ℃左右,最适宜生长温度为 25～30 ℃,最高温度为 40 ℃,超过 40 ℃则叶片变黄脱落。

有效积温对浆果的成熟和含糖量有很大影响。有效积温不足,浆果含糖量低、酸多、皮厚,品质下降,故有效积温是划分葡萄气候区划的关键性指标。了解某一地区的有效积温和某一品种对有效积温的要求之后,就可以推断该品种在某地区进行经济栽培的可能性。各地引种必须首先考虑当地的气候条件(表 9.1)。

表 9.1　不同葡萄品种对有效积温的要求

品种类型	从萌芽期至浆果成熟期所需		代表性品种
	天数/d	有效积温/(℃·d)	
极早成熟品种	<120	2100～2500	早红
早熟品种	120～140	2500～2900	康拜尔、乍娜
中熟品种	140～155	2900～3300	巨峰、玫瑰香
迟熟品种	155～180	3300～3700	新玫瑰
极迟熟品种	>180	>3800	龙眼

二、光照

太阳光是葡萄生命活动的主要能源,光也是葡萄生长发育的重要因素。

光的强弱、多少直接影响着葡萄组织和器官的分化,而光照时间的长短则制约着葡萄植株的发育。光照时间过多(长日照)或不足,均会影响葡萄的正常生长和结果、降低产量和质量,削弱葡萄树体的抗逆性能。光与葡萄生育的关系主要有以下三方面。

1. 不同类型的太阳光对葡萄的影响

光是太阳辐射能以电磁波的形式投射到地球表面的辐射线。太阳辐射波长在 150~3000 nm 的范围内变化。波长为 400~760 nm 之间为可见光,人眼可见的白光,占太阳光中的 50% 左右,是绿色植物进行光合作用,将太阳能转化为化学能的能源。波长小于 400 nm 和大于 760 nm 的是不可见光,分别称为紫外线和红外线。

可见光投射到地面作用于葡萄植株又分两种性质的光,即直接照射到树冠的"直射光"和照射到地面或其他物体反射到树冠的"散射光"。直射光是葡萄树吸收太阳光获得能源的主要部分。但散射光由于易被树冠吸收利用,而且树冠吸收散射光的面积(前后左右)比直接光(仅上部)要大得多。只要葡萄栽植合理,可以使来自各个方向的光都得到充分利用,葡萄才能获得高产优质。

葡萄不同品种对不同性质的光的吸收作用效果不同,如巨峰及巨峰群、玫瑰香等品种主要依靠直射光着色,在成熟期阳光能直射的部分,易着色;而"康拜尔"及其芽变、"乍娜"等品种依靠散射光就能着色,在成熟时着色快而整齐,里外一起着色。

2. 光对葡萄营养生长的影响

葡萄是喜光树种,对光照非常敏感。光照不足,新梢生长纤细,节间长,叶片薄,光合能力弱,制造营养的能力低,枝条因营养不足而影响成熟。冬季容易遭受冻害,冬芽不充实,次年难萌发,易出现瞎眼或植株死亡。

3. 光对葡萄结果的影响

葡萄的花芽分化,花器官形成,卵的受精,果实的发育,需要充分的营养和激素物质的供给,都要依赖良好的光照条件。

葡萄花芽分化和形成,必须有一定量的养分积累。若光照不足,光合作用产物减少,茎尖生长锥的顶端组织只能分化为叶芽原基;已经开始分化为花序原基的,也由于树体营养不足而发育不良,中途停止分化或早期死亡。在开花期或幼果期,若光照减弱,也会引起花开而不孕或果实发育中途停止,发生大量落花、落果。浆果成熟期,光合产物供应不足,细胞分裂数量少,细胞体积增长少。浆果成熟期光照不足,果实成熟慢,着色差,色、香、味不好,品质下降,不仅影响当年葡萄产量和品质,而且可造成连年减产。

"无光不结果"即是生产经验的总结,也是栽培理论的高度概括。葡萄栽培中的株行距、架式、架向设置,整形、修剪技术,夏季定植密度,新梢布局,副梢处理等,都要考虑通风透光条件,保证葡萄植株正常生长发育,才能获得高产、优质。

三、水分

葡萄较耐旱,但过于干旱,也不利于植株的生长和产量品质的形成。春季,芽眼萌发,以及开花期内,若长期阴雨,阻碍花的正常授粉受精,引起大量落花落果;幼果膨大期,新梢与新根加快生长,需足够水分,土壤持水量保持 60%~75% 最合适;浆果膨大和成熟期,对水分要求较低,多雨易引起裂果、腐烂、病虫害发生;生长后期(8—9 月)多雨,新梢成熟不良,正常休眠受影响。

一般以年降水量 600~1000 mm 的地区最适宜发展葡萄。据研究,葡萄生长期(4—6 月)

的月降水量在 100 mm 以下,浆果成熟期(7—9 月)的月降水量在 75 mm 以下,葡萄品质最佳。欧洲种喜欢干燥少雨的干旱气候,而美洲种和欧美杂交种喜湿润多雨气候。

第二节 葡萄各生育期农业气象指标

一、萌芽期

适宜农业气象条件:日平均气温稳定超过 10 ℃开始萌芽,15～20 ℃萌芽整齐,速度快。

不利农业气象条件:出现−3 ℃以下低温,萌动的芽开始受冻。

防御措施:薄膜覆盖,防寒保温。

二、新梢生长期

适宜农业气象条件:春季日平均气温 12 ℃以上抽生新梢,20～25 ℃适宜新梢生长,25～30 ℃生长迅速,一昼夜可伸长 6～10 cm。

不利气象条件:①低温冷害:春季,日平均气温为−1 ℃,嫩梢和幼叶开始受冻。秋季日平均气温为 10 ℃以下停止生长,−3 ℃以下低温,叶片和未成熟新梢受冻。②高温热害:日平均气温 30 ℃以上,日最高气温为 35 ℃以上停止生长,40 ℃以上嫩梢枯萎,叶片变黄脱落。

防御措施:①加强水肥管理。②及时进行抹芽、定枝、绑梢、疏花、新梢摘心、副梢处理等,以达到"开源节流",提高光合效率,增加营养积累和贮存。

三、开花坐果期

适宜气象条件:20～25 ℃为开花最适宜的气温,25～30 ℃开花迅速,花期缩短,授粉受精率高,容易坐果。

不利气象条件:阴雨低温寡照,日平均气温为 15 ℃以下,阴雨低温无日照持续 5 d 以上,严重影响开花受精;暴雨洗花,洪涝灾害,大风冰雹,机械损伤,日平均气温为 30 ℃以上,最高气温为 35 ℃以上授粉授精受阻。

防御措施:①加强田间管理,做好开沟排水,中耕除草,及时摘心,除副梢,疏花序。②改善通风透光条件,集中营养供给花序,提高坐果率。③人工防雹,利用高炮进行人工防雹,确保葡萄安全开花结果。

四、浆果成熟期

适宜气象条件:阳光充足,日平均气温为 25～30 ℃,浆果成熟和着色加速,色香味好,品质优良。

不利气象条件:①低温冷害:日平均气温 20 ℃以下,低温日照不足,成熟缓慢,含糖量低,含酸量高,品质差。②高温热害干旱:日平均气温为 30 ℃以上,最高气温为 35 ℃以上,干旱缺水,呼吸强度大,营养物质消耗多,酶的活动受干扰,浆果内含物生化过程受阻,品质低劣。③大风冰雹造成机械损伤。

防御措施:①营造防护林,扎实支架。②及时增施磷肥和钾肥,开花前二周喷施硼肥,坐果后至浆果成熟前喷施磷、钾肥 3～4 次,提高浆果品质,促进果实成熟和新梢成熟。③适当控制新梢生长,保证植株营养平衡。④高温多湿要注意病虫防治。套袋、张网防病、防虫、防鸟吃,保持青枝绿叶,提高光合能力。⑤人工降雨,人工消雹。利用高炮进行人工降雨和防雹。

五、落叶休眠期

适宜气象条件:冬季日平均气温为 3～5 ℃左右正常落叶,成熟枝芽在 0～15 ℃,根系在 0～10 ℃能正常休眠。

不利气象条件:

欧亚种:根系能耐－5 ℃以下低温,枝芽能耐－15 ℃低温,在－18～－16 ℃以下的低温受冻。

美洲种:根系在－7 ℃以下,枝芽在－22～－20 ℃以下受冻害。

山葡萄:根系在－16 ℃,枝芽在－40 ℃以下受冻。

欧美杂种:根系在－7 ℃以下,枝芽在－22～－20 ℃以下受冻,如巨峰。

贝达:根系在－12 ℃,枝芽在－30 ℃以下受冻。

北欧杂种:根系在－15～－11 ℃,枝芽在－30 ℃以下受冻。

防御措施:①冻前灌水或喷刷石灰水。在葡萄萌芽前 20 d 左右,向枝蔓喷石灰水,利用白色反射日光原理,降低枝芽树体温度,延迟萌芽时间;或进行地面灌水,降低地温,削弱根系吸水能力,也可延迟萌芽。②注重天气预报情况,适时保暖防冻。霜冻前覆盖葡萄枝蔓,保温防冻。

六、长沙县主要葡萄品种各个生育期

长沙县主要葡萄品种各个生育期见表 9.2。

表 9.2　长沙县葡萄主要品种生育期及所需积温

品种		萌芽始期/ (月/日或旬)	始花期/ (月/日)	浆果成熟期/ (月/日)	萌芽—浆果成熟期	
					生长日数/d	有效积温 (/℃·d)
生食品种	白香蕉	3/28	5/6	8/5	133	2958
	康拜尔早	3/26	5/3	7/20	116	2583
	巨峰	4/上旬	5/上旬	7/下旬		
	碧绿珠	3/下旬	5/上旬	7/下旬	118	2615
酿酒品种	北醇	3/中旬	5/上旬	8/上旬	133	3055
	公酿 2 号	3/下旬	5/中旬	8/上旬		
	白羽	3/下旬	5/中旬	8/中旬	130	3153
	百谢希					
兼用品种	玫瑰露	4/10	5/10	8/14	127	3185

第三节　气候条件对长沙县葡萄生产的影响

长沙县葡萄一般于 3 月下旬萌芽,4 月下旬至 5 月中旬开花,6 月下旬后期至 7 月初早熟葡萄开始成熟,8 月下旬迟熟品种开始成熟,最迟的葡萄品种于 9 月中下旬成熟,少数年至 10 月初才能完全成熟。

一、长沙县气候条件对葡萄生产的有利条件

1. 热量富裕,适宜于葡萄生长。

长沙县日平均气温稳定通过 10 ℃初日平均为 3 月 23 日,稳定通过 15 ℃初日平均为 4 月 17 日,4 月平均气温为 17.4 ℃。而葡萄在日平均气温稳定通过 10 ℃即可萌芽,日平均气温稳定通过 12 ℃,即适宜新梢生长,4 月极端最低气温为 2.1 ℃,葡萄新梢生长期基本无低温冻害;5 月平均气温为 22.4 ℃,适宜于葡萄开花坐果;6 月平均气温为 25.8 ℃,适宜于葡萄浆果生长;6 月平均气温为 27.1 ℃;7 月上旬平均气温为 29.7 ℃,温度高,葡萄成熟快,且昼夜温差大,有利于葡萄含糖量和品质提高。

2. 降水量充沛,有利葡萄生长

长沙县多年平均降水量为 1431 mm,其中 4—8 月各月平均降水量均在 100 mm 以上;5—6 月降水量在 200 mm 以上,一年中降水量最多的时期正值葡萄对雨水反应最敏感的开花坐果及幼果发育期,完全能满足葡萄生长发育对水分的需要。

3. 光照充足,有利于葡萄成熟

长沙县历年平均日照时数为 1510.9 h,4—6 月每月日照时数在 100.0 h 以上,7—8 月各月在 200.0 h 以上,其中新梢生长期 4 月日照时数为 99.5 h,平均每天日照时数为 4.0 h 左右;开花坐果期 5 月日照时数为 138.9 h,平均每天日照时数为 4.5 h;葡萄成熟期 6 月为 142.1 h,平均每天日照时数接近 5.0 h,有利于葡萄成熟。

二、长沙县气候条件对葡萄生产的不利影响

1. 春夏季雨水集中,雨量与雨日过多,易使葡萄病菌繁衍与发展

春季 3—5 月降水量为 538.2 mm,占全年总降水量的 36.6%,夏季(6—8 月)降水量为 474.3 mm,占全年总降水量的 32.2%,降雨时数达 25 d,不利于葡萄优质,春、夏两季降水量占全年总降水量的 68.8%,而秋季(9—11 月)降水量仅 232.6 mm,占全年总降水量的 15.8%,冬季(12 月—次年 4 月)降水量仅 227.3 mm,占全年总降水量的 15.4%,不利于葡萄生长。

2. 春末夏初空气湿度大,易使葡萄病菌发生

长沙县在极降雨带影响下,空气湿度大,1—3 月平均相对湿度为 84%,4—6 月平均相对湿度为 82%;4 月相对湿度为 90% 以上的天数达 9.1 d;5—6 月相对湿度≥90% 的天数为 7.4 d,≥85% 的相对湿度 14.3～12.8 d,月平均气温分别为 22.6 ℃、26.0 ℃;高温、高湿的气候环境易导致葡萄霜霉病,灰霉病、炭疽病和白腐病等病菌的繁衍和生存,特别是 5 月葡萄开花坐果期降水量多、温度高、湿度大,容易诱发葡萄霜霉病、灰霉病滋生流行,危害葡萄幼果,容易产生大量落花落果,是影响长沙县葡萄优质高产的主要不利因子。

三、影响葡萄各生育期优质高产的不利气象灾害及应对措施

1. 萌芽和新梢生长期低温连阴雨和大风

葡萄萌芽时要求气温稳定在 10～12 ℃,若萌芽后出现在日平均气温低于 10 ℃的低温阴雨寡照天气,造成新梢停止生长,推迟萌芽时间,新生叶片变薄,新梢徒长,叶柄伸长,且容易引起灰霉病、霜霉病滋生;若出现大风(6级以上)天气则会造成新梢折断枝蔓失水,出现瞎眼。

低温阴雨的应对措施为:开沟排水,防止田间渍水;适时抹芽,合理修剪;春芽施肥,培养壮梢;看天喷药,防治病害。

大风的防御措施为:主要是捆绑固定,及时喷药防止病菌侵入。

2. 开花坐果期低温阴雨

葡萄花期一般为7～10 d,谢花后3 d左右进入生理落果期,在葡萄开花期,长沙县5月常出现持续5 d以上日平均气温15 ℃以下的低温阴雨天寡照天气,使葡萄产生闭花而不授粉,花期延长,产生单性无核果,同时容易发生病菌危害,是影响长沙县葡萄产量年际波动和不稳定的主要原因。

应对措施:施足底肥,叶面追肥,提高葡萄抗逆性;看天气及时喷药,重点做好霜霉病、灰霉病防治工作;适时摘心、抹芽,做好保花保果。

3. 幼果膨大期高温干旱

葡萄果实生长膨大以夜间温度22 ℃左右为宜,温度过高,日平均气温为30 ℃以上,最高气温为35 ℃以上,会使生长速度下降,并早熟;温度过低,日平均气温低于20 ℃,生长缓慢,持续时间较长,结束生长也迟。

应对措施:早施果实膨大肥,促使果实早膨大,减少高温干旱危害风险;根据灌溉条件合理安排品种,将早熟品种安排在灌溉条件差的地段,将中、迟熟品种安排在水利灌溉条件好的地段;覆盖保湿,减少蒸发,可于4—5月在葡萄园套种大豆或三叶草。6月底、7月初雨季结束后用大豆、三叶草盖满葡萄园,对减少地面蒸发,保持土壤水分有良好作用;及时套袋,保果防晒,尽早套袋,套袋前喷一次农药,待药干后套袋,一般要求当天喷药,当天把袋套实。及时灌水抗旱,减轻干旱危害。

4. 果实成熟期强降水、暴雨

果实成熟期遇到强降水、暴雨或大旱逢大雨或连阴雨5 d以上,产生裂果。

应对措施:采取避雨栽培;改良土壤通透性,增强土壤排水性;及时疏果,及时摘心,增加架面通透性;幼果期补钙,减轻裂果;适时采收。

第四节　葡萄病虫害与气象条件的关系

气象条件不但影响着葡萄的生长与结果,而且也影响葡萄病虫害的发生与防治(表9.3)。早春雨水多,土壤湿度大,金龟子出土集中。短须螨发生危害最适温度为29 ℃,相对湿度为80%～85%。其他病虫害的发生均与气象条件关系密切,因此,在制作病虫害预测预报时,离不开气象条件。

一、主要病害发生与气象条件的关系

长沙县4—6月冷暖空气活跃,常多阴雨天气,是本地的雨季,又值葡萄生长旺季,容易引起病害,因而,持续阴雨潮湿的梅雨天气是影响南方葡萄优质高产的主要障碍因素之一。

1. 长沙县葡的主要病害危害情况

黑痘病:4月中旬开始,整个生长期陆续发病,梅雨季节为发病盛期,病菌发育最适温度为

30 ℃,最低温度为 10 ℃,最高温度为 40 ℃。

霜霉病:在多雨、多雾、多露和低温条件下大发生。高湿低温是该病流行的条件,6 月初长沙县平均气温为 20~25 ℃,温度稍大,此病就开始发生,且发病极为迅速,雨季结束后,高温干旱时此病就停止。

炭疽病:病菌发育最适宜温度为 20~29 ℃,最高温度为 35~37 ℃,最低温度为 7~9 ℃,5 月中旬至 6 月下旬,长沙县梅雨季节且盛发期,雨水多,温度高,蔓延迅速,果实越接近成熟,发病越快。

白腐病:是影响葡萄产量和品质最严重的一种病害,主要危害果实,发病最适温度为 26~30 ℃,长沙县最低温度为 13 ℃,最高温度为 37 ℃,5 月中旬至果实成熟期不断发生,雨季来得早,风暴多湿环境,易发病害,高温多湿有利于此病害流行。

灰霉病:主要危害花穗,严重时受害率达到 70% 以上,是造成巨蜂落花、落果的重要原因之一。5 月中下旬如遇阴雨连绵,花序易感染病菌(表 9.3)。

表 9.3　几种主要病害发生的气象条件

病害名称	适宜环境条件
白腐病	通风不良,高温多雨、连阴雨、湿度大。雹灾过后或伤口较多,管理粗放,杂草丛生。分生孢子萌发温度为 13~40 ℃,最适温度为 25~30 ℃,相对湿度为 92% 以上
霜霉病	高湿多雨、低温是病害发生和流行的重要因素。凡秋季阴雨连绵、多露水、重雾,均有利于发病。以卵孢子在病残体上越冬,在土中可存活一年以上,卵孢子在水滴或湿土中于 13~35 ℃(最适 25 ℃)萌发产生 1 个孢子囊,借雨水、风力传播,侵入气孔。孢子囊萌发温度为 5~21 ℃,最适温度为 1~15 ℃,在 5 ℃以下,27 ℃以上不能产生游动孢子。游动孢子萌发和侵入需有水滴,最适温度为 18~24 ℃,相对湿度为 70%~85% 危害幼叶,80% 以上老叶也可受害
炭疽病	葡萄近成熟期高温多雨。菌丝在 20~36 ℃生长较快,以 28 ℃最适宜。分生孢子 26~30 ℃形成最多,36 ℃以上不能形成。分生孢子在 15~40 ℃大量萌发,28~32 ℃为萌发最适温度。分生孢子在 80% 相对湿度或水滴和糖的条件下,经 6 h 即开始萌发
黑痘病	高温多雨、高湿、发病重,菌丝生长温度为 10~40 ℃,最适温度为 30 ℃,分生孢子形成最适温度为 25 ℃
蔓枯病	多雨潮湿,植株衰弱,连续 4~8 h 雨露,分生孢子便可从伤口侵入
白粉病	高温,多云闷热,通风透光不良,易引起大发生。菌丝体在 29~30 ℃最适宜产生分生孢子。分生孢子萌发最低温度为 4 ℃,最高温度为 35 ℃,侵染适宜温度为 21~30 ℃,最适温度为 25~28 ℃。高湿有利于萌发
房枯病	病菌发育温度为 9~40 ℃,最适温度为 35 ℃。分生孢子在 24~28 ℃经 4 h 即可萌发。子囊孢子在 25 ℃下经 5 h 萌发。
黑腐病	多雨发病重。病菌萌发温度为 7~37 ℃,最适温度为 23 ℃
落花落果症	花期严重干旱、阴雨连绵,灌水、刮大风或遇低温都能造成受精不良而落花落果
根癌病	地势低注,容易积水,湿度大,发病率高

二、长沙县主要葡萄病害发生时间

长沙县葡萄主要病害发生时间见表 9.4。

表 9.4　长沙县葡萄主要病害发生时间

病害种类	发病时期	发病条件	受害品种
毛毡病	展叶到落叶	气候干旱时发生严重	
黑痘病	4—6 月	开花前后到幼果生长,高温多湿条件下引起	玫瑰香、佳利酿、法国兰、贵人香
灰霉病	5 月	开花期遇阴雨天	小白玫瑰、佳利酿、秀特玫瑰
霜霉病	5—7 月	高温多湿	玫瑰香、白羽、赤霞珠、品丽珠
白粉病	7—8 月	干燥闷热的条件	洋红蜜、黑罕
炭疽病	6 月中旬—8 月	高温多湿时引起	康拜尔早、白香蕉
褐斑病	4 月中旬—11 月	高温多湿,架面密闭时产生	意大利、大可满、金皇后、玫瑰香
白腐病	6 月中旬—8 月	果实成熟期,雨水过多	玫瑰香、小白玫瑰香、白羽
房枯病	5—8 月	高温多湿时严重	佳利酿、北醇

三、葡萄病害的防治措施

1. 加强水分管理,科学排水灌溉

葡萄的耐湿性与耐旱性都较强,但在长沙县多雨地区突出的问题在平原地区是深沟高洼,降低地下水位,及时排涝,做到雨停田干;在丘陵坡地要减少水土冲刷,在4—6月梅雨季节,尤其是台风带来的暴雨、降雨愈强,水土流失愈多,因此必须要有防御对策。

首先是葡萄因四周不裸露,形成绿色包围带,开好排水道,在比降过大的排水道还要设置跌水池,分散水流,以消耗其势能。其次在葡萄园内,与倾斜方向垂直营造绿色林带,树下最好铺草。

(1)科学灌溉,抗旱保果

由于南方4—6月多雨,地下水位高,土壤通透性差,造成葡萄根系分布浅,抗旱能力差,尤其是在梅雨期,长期阴雨之后,突然遇到高温干旱天气来临,造成葡萄生育和成熟异常,所以,必须重视葡萄的水分管理。一是灌溉时期:葡萄特别需要水分的时期是萌芽期和果实肥大期,最需要水分的时期是雨季结束后的高温干燥期。此时期相当于葡萄果粒肥大期,到硬核期至果实软化期,希望保持水分变化少的状态。二是灌水量的标准:取决于土壤的干燥程度,用表面张力计测定,适宜的范围是 PF(负压)为 2.3～2.7 以上干旱就需要灌溉了。开花期和成熟期从坐果和品质方面考虑一般要避免灌水,但若过于干旱,也会使葡萄着色不良,糖度不上升,所以,当 PF 超过 2.7 那样干旱状态的时候,最好还是要灌溉。

(2)开沟排水,防渍促根

长期积水的葡萄因土壤缺氧,根系进行无氧呼吸,产生酒精,导致蛋白质凝固,引起根系坏死,使葡萄根系的纵深伸长受到抑制,只能浮生于浅层土壤或地表,枝蔓生长细弱,果穗小,产量低,品质差,树势弱。葡萄根系迅速生长期正值梅雨季节,降水量较为集中,地下水位随之升高,土壤底层水多,透水性差,根系争向土壤表层,甚至向地面生长,称"浮根"。梅雨季节过后,紧接而来的是高温干旱,地表的浮根对高温干旱气候环境适应性差,极易被太阳晒灼死亡。因此,在低洼地葡萄排水重于灌水。

2. 加强葡萄病害科学防治

（1）根据天气苗情，适时防治病害

4—6月在极锋雨带滞留下，长沙县多连绵阴雨天气，高温高湿，有利于病害繁殖蔓延，是影响葡萄高产优质的主要障碍因素之一。因而，根据天气变化和葡萄生长发育状况，适时做好病害防治工作，是夺取葡萄高产优质的关键。主要措施为：冬季彻底清围，减少越冬病源。春季当冬芽芽鳞松开，萌芽见青之前，消灭越冬病源，展叶开始做好防治，以后每隔10～15 d防治一次；采收时修剪下来的病果，集中深埋。

（2）控制氮素营养

多施磷、钾肥，增强树势，防止枝叶徒长，调节架面枝蔓，调节田间小气候，保持通风透光和良好的树体结构，减少病害威胁。

（3）科学修剪

改善田间小气候，增强葡萄抗病能力，减轻病害所造成的损失。

第五节　长沙县葡萄生产周年工作历

长沙县葡萄生产周年工作历见表9.5。

表 9.5　长沙县葡萄生产周年主要工作历

时间	物候期	培管重点	主要病虫害防治
11月下旬至翌年3月上旬	休眠期	1. 制订全年工作计划 2. 落叶后冬季修剪 3. 引缚枝蔓 4. 维修棚架	对象：消灭越冬病卵及病菌，如黑痘病、炭疽病等 方法：①冬季清扫残枝落叶，刮老树皮烧毁；②喷波美3～5度石硫合剂，加万分之五的粘附剂牛皮胶
3月上旬至3月下旬	树液流动期至萌芽期	1. 苗木出圃 2. 葡萄苗定植 3. 葡萄扦插育苗 4. 施催芽肥	对象：黑痘病等 方法：喷波美2～3度石硫合剂
3月下旬至4月下旬	萌芽展叶期至新梢生长期	1. 抹芽定梢 2. 花前追肥，根外追肥 3. 园内间种夏季绿肥，压冬季绿肥入土 4. 插苗管理	对象：黑痘病、霜霉病、透翅蛾（成虫）； 方法：①喷石灰半量式240倍波尔多液；②用600倍代森锌加1000倍亚胺硫磷液
4月下旬至5月下旬	新梢生长至开花期	1. 新梢引缚与摘心除梢和卷须 2. 捏花序尖，除副穗 3. 根外追肥 4. 中耕除草 5. 开沟排水 6. 插苗除草、抗旱	对象：黑痘病、白粉病、霜霉病、灰霉病、金龟子、透翅蛾等 方法：①喷240倍半量式波尔多液；②或用50%多菌灵800倍液加800倍亚胺硫磷液；③发现萎蔫的嫩叶片等摘除烧掉；④喷90%晶体美曲磷酯1000～2000倍治金龟子
5月下旬至6月下旬	幼果生长期	1. 施壮果肥 2. 开沟排水 3. 中耕除草 4. 插苗除草，施稀薄肥料 5. 进行绿枝插和压条	对象：黑痘病、白粉病、霜霉病、金龟子等 方法：①摘除病虫梢、病果穗烧毁；②喷200倍等量式波尔多液；③或用50%多菌灵500倍液或加800倍亚胺硫磷液

时 间	物候期	培管重点	主要病虫害防治
6 月下旬至 7 月中旬	硬核期至 果实着色期, 早熟品种 成熟期	1. 疏小果粒 2. 施壮果肥,根外追肥 3. 中耕除草 4. 如遇天旱要抗旱 5. 扦插苗立临时棚架引苗上架 6. 早熟品种果实采收	对象:黑痘病等、金龟子、天蛾 方法:喷 800 倍退菌特加 1000 倍敌敌畏或 2000 倍 乐果液
7 月中旬至 8 月下旬	果实着色 至成熟期	1. 压夏季绿肥入土 2. 荫闭植株,适当摘除果穗附近老叶, 使之通风透光 3. 中熟品种果实采收 4. 早、中熟品种采收后对树势较差的 补施肥料 5. 插苗抗旱追肥	对象:炭疽病、白腐病和吸果液蛾等 方法:①喷 200 倍等量式波尔多液; ②或用 800 倍退菌特加乐果 200 倍液; ③用糖醋毒饵诱杀吸果夜蛾,人工捕杀,生食品种 套袋防害。注意葡萄果采收前 15 d 停用农药
9 月中下旬	迟熟种成熟	迟熟品种采收	
9 月上旬 至 11 月	枝蔓成熟期	1. 冬季深耕 2. 施冬肥 3. 播种冬季绿肥 4. 做好葡萄冬季定植准备工作	对象:白粉病、霜霉病、金龟子 方法:①喷 200 倍等量式波尔多液;②用多菌灵 500 倍加敌敌畏 1000 倍喷;③用 90% 晶体敌百 虫 1000～2000 倍液治金龟子

附录A 长沙县气候之最(1951—2010年)

A1 气温之最

极端最高气温41.4 ℃,出现在2003年8月2日。

极端最低气温-11.7 ℃,出现在1991年12月29日。

年平均气温最高值18.7 ℃,出现在2007年。

年平均气温最低值16.4 ℃,出现在1984年。

月平均气温最高值31.6 ℃,出现在2003年7月。

月平均气温最低值2.4 ℃,出现在2008年1月。

旬平均气温最高值32.6 ℃,出现在2009年7月中旬。

旬平均气温最低值0.1 ℃,出现在1989年1月中旬。

日平均气温稳定通过5 ℃最早初日,出现在1999年1月7日。

日平均气温稳定通过5 ℃最早终日,出现在2009年11月15日。

日平均气温稳定通过5 ℃最迟初日,出现在1998年3月24日。

日平均气温稳定通过5 ℃最迟终日,出现在1998年1月12日。

日平均气温稳定通过10 ℃最早初日,出现在1981年3月4日。

日平均气温稳定通过10 ℃最早终日,出现在1987年10月31日。

日平均气温稳定通过10 ℃最迟初日,出现在2001年4月13日。

日平均气温稳定通过10 ℃最迟终日,出现在2001年12月2日。

日平均气温稳定通过15 ℃最早初日,出现在2000年3月27日。

日平均气温稳定通过15 ℃最早终日,出现在1992年10月3日。

日平均气温稳定通过15 ℃最迟初日,出现在1991年5月9日。

日平均气温稳定通过15 ℃最迟终日,出现在1998年11月17日。

日平均气温稳定通过20 ℃最早初日,出现在2005年4月15日。

日平均气温稳定通过20 ℃最早终日,出现在1981年9月12日。

日平均气温稳定通过20 ℃最迟初日,出现在1993年6月1日。

日平均气温稳定通过20 ℃最迟终日,出现在2006年10月23日。

日平均气温稳定通过22 ℃最早初日,出现在1986年5月7日。

日平均气温稳定通过22 ℃最早终日,出现在2005年8月19日。

日平均气温稳定通过22 ℃最迟初日,出现在1992年6月28日。

日平均气温稳定通过22 ℃最迟终日,出现在2009年10月8日。

极端最高气温大于30 ℃的最长连续日数61 d,出现在1985年7月1日至8月30日。

极端最高气温大于35 ℃的最长连续日数31 d,出现在2003年7月10日至8月10日。

极端最低气温小于 0 ℃的最长连续日数 21 d,出现在 2008 年 1 月 19 日至 2 月 9 日。

极端最低气温小于－2 ℃的最长连续日数 8 d,出现在 2008 年 1 月 21 日至 29 日。

A2 地面温度之最

地面极端最高温度 69.6 ℃,出现在 1989 年 7 月 17 日。

地面极端最低温度－21.3 ℃,出现在 1991 年 12 月 29 日。

地面温度年平均最高值 20.8 ℃,出现在 2009 年。

地面温度年平均最低值 18.6 ℃,出现在 1989 年。

A3 降水量之最

年最多降水量 1854.7 mm,出现在 1998 年。

年最少降水量 981.0 mm,出现在 2007 年。

月最多降水量 573.1 mm,出现在 1998 年 6 月。

月最少降水量 0.0 mm,出现在 1987 年 12 月。

旬最多降水量 250.6 mm,出现在 1982 年 6 月中旬。

日最大降水量 192.5 mm,出现在 1964 年 6 月 17 日。

4—6 月最多降水量 994.3 mm,出现在 1998 年。

4—6 月最少降水量 240.3 mm,出现在 2008 年。

7—9 月最多降水量 799.6 mm,出现在 1999 年。

7—9 月最少降水量 110.1 mm,出现在 2003 年。

1—3 月最多降水量 573.8 mm,出现在 1991 年。

1—3 月最少降水量 201.3 mm,出现在 1999 年。

10—12 月最多降水量 395.1 mm,出现在 1997 年。

10—12 月最少降水量 81.6mm,出现在 1988 年。

A4 降水日数之最

一年最多降水日数 183 d,出现在 1994 年。

一年最少降水日数 127 d,出现在 2009 年。

一个月最多降水日数 25 d,出现在 1995 年 4 月。

一年中雨(≥10.0 mm)以上降水日数平均为 45 d。

一年中雨(≥10.0 mm)以上降水最多日数 55 d,出现在 2002 年。

一年大雨(≥25.0 mm)以上降水最多日数 22 d,出现在 1989 年。

一年暴雨(≥50.0 mm)以上降水最多日数 9 d,分别出现在 1998 年和 2005 年。

一年大暴雨(≥100.0 mm)以上降水最多日数 2 d,出现在 2005 年。

一个月暴雨(≥50.0 mm)以上降水最多日数 5 d,出现在 1998 年 6 月。

一年最长连续降水最长日数 19 d,出现在 2008 年 1 月 4 日至 1 月 23 日。

一年最长连续无降水,最长日数 38 d,出现在 2004 年 9 月 21 日至 10 月 29 日。

A5 日照之最

一年最多日照时数 2075.9 h,出现在 1963 年。

一年最少日照时数 1188.4 h,出现在 1994 年。

一年最高日照百分率 48%,出现在 1956 年。

一年最低日照百分率 32%,分别出现在 1970 年和 1975 年。

1 月最低日照百分率 13%,出现在 1977 年 1 月。

1 月最高日照百分率 55%,出现在 1963 年 1 月。

2 月最低日照百分率 4%,分别出现在 1959 年和 1973 年 2 月。

2 月最高日照百分率 40%,出现在 1960 年 2 月。

3 月最低日照百分率 2%,出现在 1980 年 3 月。

3 月最高日照百分率 39%,出现在 1962 年 3 月。

4 月最低日照百分率 18%,分别出现在 1954 年和 1965 年 4 月。

4 月最高日照百分率 41%,出现在 1974 年 4 月。

5 月最低日照百分率 12%,出现在 1977 年 5 月。

5 月最高日照百分率 44%,出现在 1965 年 5 月。

6 月最低日照百分率 22%,出现在 1977 年 6 月。

6 月最高日照百分率 65%,出现在 1956 年 6 月。

7 月最低日照百分率 41%,出现在 1954 年 7 月。

7 月最高日照百分率 79%,出现在 1957 年 7 月。

8 月最低日照百分率 28%,出现在 1980 年 8 月。

8 月最高日照百分率 81%,出现在 1963 年 8 月。

9 月最低日照百分率 31%,出现在 1970 年 9 月。

9 月最高日照百分率 69%,出现在 1954 年 9 月。

10 月最低日照百分率 23%,出现在 1976 年 10 月。

10 月最高日照百分率 69%,出现在 1979 年 10 月。

11 月最低日照百分率 13%,出现在 1966 年 11 月。

11 月最高日照百分率 64%,出现在 1956 年 11 月。

12 月最低日照百分率 60%,出现在 1966 年 12 月。

12 月最高日照百分率 61%,出现在 1958 年 12 月。

A6 霜、雪、冰冻之最

年平均霜日 23.6 d。

年最多霜日 41 d,出现在 1985 年。

年最少霜日 8 d,出现在 2000 年。

年最早初霜日 10 月 24 日,出现在 1981 年。

最迟初霜日 12 月 22 日,出现在 1994 年。

最早终霜日 2 月 8 日,出现在 1997 年。

最迟终霜日 4 月 4 日,出现在 1995 年。

最长无霜期 315 d,出现在 2006 年。

最短无霜期 218 d,出现在 1986 年。

一年最多有霜日数 23 d,分别出现在 2003 年和 2004 年。

一年最多积雪日数 17 d,出现在 1983 年。

12 月最多积雪日数 4 d,出现在 1983 年。

1 月最多积雪日数 12 d,出现在 1983 年。

2 月最多积雪日数 3 d,出现在 1984 年、1987 年、1989 年。

3 月最多积雪日数 2 d,出现在 1984 年、2004 年。

年平均积雪日数 4.8 d(1981—2010 年)、6.1 d(1951—1980 年)。

年平均雨淞月数 1.69 d(1981—2010 年)、3.7 d(1951—1980 年)。

年最多冰冻天数 22 d,出现在 2008 年 1 月 13 日至 2 月 2 日,其次为 1954 年 12 月至 1955 年 1 月冰冻日数达 17 d。

最早雨淞初日 1964 年 12 月 2 日。

最迟雨淞终日 1976 年 3 月 19 日。

A7 雾、冰雹、雷暴之最

年平均雾日 22.3 d。

年最多雾日 40 d,出现在 1989 年。

年最少雾日 3 d,出现在 1993 年。

1 月最多雾日 14 d,出现在 2000 年。

2 月最多雾日 6 d,出现在 1985 年。

3 月最多雾日 7 d,分别出现在 1990 年、1998 年。

4 月最多雾日 7 d,出现在 1994 年。

5 月最多雾日 5 d,出现在 1989 年。

6 月最多雾日 2 d,出现在 1982 年、1985 年、1998 年。

7 月最多雾日 1 d,出现在 1982 年、1983 年、1988 年、1999 年。

8 月最多雾日 2 d,出现在 1986 年。

9 月最多雾日 3 d,出现在 1983 年、1984 年。

10 月最多雾日 7 d,出现在 1997 年。

11 月最多雾日 13 d,出现在 1999 年。

12 月最多雾日 10 d,出现在 1989 年。

年最多冰雹日数 3 d,出现在 1984 年。

年平均雷暴日数 36.4 d。

一年中最多雷暴日数 52 d,出现在 1985 年。

一年中最少雷暴日数 15 d,出现在 2002 年。

雷暴初日最早为 1 月 8 日,出现在 1961 年。

雷暴终日最迟为 12 月 30 日。出现在 1977 年。

A8　风、蒸发和湿度之最

最大瞬时风速 28 m/s，出现在 1966 年 10 月 27 日，风向 N。

一年大风出现次数最多的为 14 次，出现在 1962 年。

累年最多风向频率 24%，风向 NW。

一年最大蒸发量 1370.7 mm，出现在 1992 年。

一年最小蒸发量 911.7 mm，出现在 2010 年。

一个月最大蒸发量 264.6 mm，出现在 1988 年 7 月。

一年最小相对湿度 76%，出现在 2010 年。

日最小水汽压 1.4 hPa，出现在 1967 年 1 月 16 日。

日最大水汽压 43.6 hPa，出现在 1952 年 7 月 22 日。

附录 B　长沙县常用气象术语简介[*]

B1　天气术语

B1.1　天气:某一地区在某一段时间内大气中气象要素和天气现象的综合。

B1.2　天空状况

晴:低云量(0～4 成)或总云量(0～5 成),或者两者同时出现。

少云:低云量(3～4 成)或总云量(4～5 成),或者两者同时出现。

多云:低云量(5～8 成)或总云量(6～9 成),或者两者同时出现。

阴:低云量(9～10 成)或总云量(10 成),或者两者同时出现。

B1.3　天气现象

雨:滴状的液态降水,下降时清楚可见,强度变化比较缓慢,落在水面上激起波纹和水花,落在干地上可留下湿斑。

阵雨:开始和停止都比较突然、强度变化大的液态降水,有时伴有雷暴。

毛毛雨:稠密、细小而十分均匀的液态降水,下降情况不易分辨,看上去似乎随空气微弱的运动飘浮在空中,徐徐落下。迎面有潮湿感,落在水面无波纹,落在干地上只是均匀地润湿地面而无湿斑。

雪:固态降水,大多是白色不透明的六处分枝的星状、六角形片状结晶,常缓缓飘落,强度变化较缓慢。

阵雪:开始和停止都较突然、强度变化大的降雪。

雨夹雪:近地面气温接近 0 ℃,雨和雪同时下降。

积雪:雪覆盖地面达到气象站四周能见面积一半以上。

冰粒:透明的丸状或不规则状的固态降水,比较坚硬。直径一般小于 5 mm。

冰雹:坚硬的球状、锥状和形状不规则的固态降水,雹核一般不透明,外面包有透明的冰层,或由透明的冰层与不透明的冰层相间组成。大小差异大,大的直径可达数十毫米。常伴随雷暴出现。

冻雨:0 ℃ 或以下过冷却液态降水降落到地面后直接冻结而成的坚硬冰层。

雾凇:空气中水汽直接凝华,或过冷却雾直接冻结在物体上的乳白色冰晶物。

露:空气中水汽在地面及近地面物体上凝结而成的水珠。

霜:空气中水汽在地面和近地面物体上凝华而成的白色松脆的冰晶;或由露冻结而成的冰珠。

结冰:露天水冻结成冰。

雾:近地面空中浮游大量微小的水滴或冰晶,使水平能见度下降低到 1 km 以内。

---

* 引自湖南省地方标准 DB43/T 233—2004《气候术语》,湖南省质量技术局 2004 年 11 月 11 日发布。

龙卷:一种小范围的强烈旋风。风速一般为50~150 m/s,最大风速可达200 m/s。根据其产生的地区,龙卷分为陆龙卷(产生于陆地上空)和水龙卷(产生于内陆水面上空)。

浮尘:尘土、细沙均匀地浮游在空中,使水平能见度小于10 km。

扬沙:风将地面尘沙吹起,使空气浑浊,水平能见度在1 km至10 km以内的天气现象。

沙尘暴:强烈的风将大量沙尘卷起,造成空气相当浑浊,水平能见度小于1 km的风沙天气现象。

烟幕:大量的烟存在空气中,使水平能见度小于10 km。

闪电:积雨云中、云间或云地之间产生放电时伴随的电光。但不闻雷声。

大风:瞬间风速达到或超过17 m/s(或目测估计风力达到或超过8级)的风。

雷暴:积雨云中、云间或云地之间产生的放电现象,表现为闪电兼有雷声,有时亦可只闻雷声而不见闪电。

B1.4 降水

降水量:降落在地面上的雨水未经蒸发、渗透和流失而积聚的深度,规定以毫米(mm)为深度单位。降水分为液态降水和固态降水。

降水量等级:降水量等级根据一定时间内降水量的大小划分,见表B1.1。

表 B1.1 降水量等级

降水量等级	时段	
	12 h 降水量/mm	24 h 降水量/mm
小雨	0.1~4.9	0.1~9.9
小到中雨	3.0~9.9	5.0~16.9
中雨	5.0~14.9	10.0~24.9
中到大雨	10.0~22.9	17.0~37.9
大雨	15.0~29.9	25.0~49.9
大到暴雨	23.0~49.9	38.0~74.9
暴雨	30.0~69.9	50.0~99.9
大暴雨	70.0~120.0	100.0~200.0
特大暴雨	>120.0	>200.0
小雪	0.1~0.9	0.1~2.4
小到中雪	0.5~1.9	1.3~3.7
中雪	1.0~2.9	2.5~4.9
中到大雪	2.0~4.4	3.8~7.4
大雪	3.0~5.9	5.0~9.9
大到暴雪	4.5~7.5	7.5~15.0
暴雪	≥6.0	≥10.0

降水概率:某一地区一定时段内降水的可能性大小,一般用百分数表示。

B1.5 冷空气(寒潮)

冷空气:受北方冷空气侵袭,致使当地48 h内任意同一时刻的气温下降5 ℃或以上,且有升压和转北风现象。

强冷空气:受北方冷空气侵袭,致使当地48 h内任意同一时刻的气温下降8 ℃或以上,同时最低气温≤8 ℃,且有升压和转北风现象。

寒潮:受北方冷空气侵袭,致使当地 48 h 内任意同一时刻的气温下降 12 ℃ 或以上,同时最低气温≤5 ℃。且有升压和转北风现象。

强寒潮:受北方冷空气侵袭,致使当地 48 h 内任意同一时刻的气温下降 16 ℃ 或以上,同时最低气温≤5 ℃。且有升压和转北风现象。

B1.6 风

风的来向。人工观测,风向用十六方位法;自动观测,风向以度为单位。发布天气预报一般按东、南、西、北、东南、东北、西南、西北八个方向。

风力(速):风速是指单位时间内空气移动的水平距离,风速以米/秒(m/s)为单位。风力以蒲氏风级为单位,见表 B1.2。

表 B1.2 蒲氏风力等级表

风力等级	名称	风速		陆面、地面物象
		m/s	km/h	
0	无风	0.0～0.2	＜1	静,烟直上
1	软风	0.3～1.5	1～5	烟示方向
2	轻风	1.6～3.3	6～11	感觉有风
3	微风	3.4～5.4	12～19	旌旗展开
4	和风	5.5～7.9	20～28	吹起尘土
5	劲风	8.0～10.7	29～38	小树摇摆
6	强风	10.8～13.8	39～49	电线有声
7	疾风	13.9～17.1	50～61	步行困难
8	大风	17.2～20.7	62～74	折毁树枝
9	烈风	20.8～24.4	75～88	房屋受损
10	狂风	24.5～28.4	89～102	拔起树木
11	暴风	28.5～32.6	103～117	损毁重大
12	飓风	＞32.6	＞117	摧毁极大

注:本表所列风速是指平地上离地 10 m 处的风速值。

B2 气候术语

B2.1 气候:某一地区气象要素(温度、降水量、日照、雨日等)的统计平均值,即较长时间观测资料的平均值。

春:连续 5 d 平均气温稳定达到 10 ℃ 或以上、低于 20 ℃(即 10 ℃≤平均气温＜22 ℃)。

夏:连续 5 d 平均气温稳定大于 22 ℃(即平均气温＞22 ℃)。

秋:连续 5 d 平均气温稳定在 10～22 ℃(即 22 ℃＞平均气温≥10 ℃)。

冬:连续 5 d 气温稳定在 10 ℃ 以下(即平均气温＜10 ℃)。

B2.2 汛期

汛期 4—9 月:雨水增多,江河水位定时性的上涨时期。

主汛期 5—7 月:雨水集中,江河水位定时性的快速上涨时期。

B2.3 雨季

入汛以后至西太平洋副热带高压季节性北跳之前一段时期。湖南雨季一般出现在 3—7 月。

雨季开始:日降水量≥25 mm 或 3 d 总降水量≥50 mm,且其后两旬中任意一旬降水量超过历年同期平均值。

雨季结束:一次大雨以上降水过程以后 15 d 内基本无雨(总降水量<20 mm),则无雨日的前一天为雨季结束日。雨季中若有 15 d 或以上间歇,间歇后还出现西风带系统降水(15 d 总降水量≥20 mm),间歇时间虽达到以上标准,雨季仍不算结束。

B2.4 雨水集中期:雨季中任意连续 10 d 降水总量最大的出现时段。

B2.5 雨水相对集中期:雨季中任意连续 10 d 降水总量大于 150 mm 的出现时段。

B2.6 高温期:日最高气温≥35 ℃连续 5 d 或以上。单独出现为高温日。

B2.7 严寒期:任意连续 5 d 平均气温≤0 ℃

B3　气象灾害术语和分级

B3.1 洪涝:由于降水过多而引发河流泛滥、山洪暴发和积水。

轻度洪涝:满足以下三个条件中的任意一条。

——4—9 月任意 10 d 内降水总量为 200～250 mm;

——4—9 月降水总量比历年同期偏多 2～3 成;

——4—6 月(湘西北 5—7 月)降水总量比历年同期偏多 3～4 成。

中度洪涝:满足以下三个条件中的任意一条。

——4—9 月任意 10 d 内降水总量为 251～300 mm;

——4—9 月降水总量比历年同期偏多 3～4 成;

——4—6 月(湘西北 5—7 月)降水总量比历年同期偏多 4～5 成。

重度洪涝:满足以下三个条件中的任意一条。

——4—9 月任意 10 d 内降水总量为 301 mm 以上;

——4—9 月降水总量比历年同期偏多 4 成以上;

——4—6 月(湘西北 5—7 月)降水总量比历年同期偏多 5 成以上。

B3.2 干旱:因长期无雨或少雨,造成空气干燥、土壤缺水的气候现象。

春旱:3 月上旬至 4 月中旬,降水总量比历年同期偏少 4 成或以上。

冬旱:12 月至次年 2 月,降水总量比历年同期偏少 3 成或以上。

夏旱:雨季结束至"立秋"前,出现连旱。

秋旱:"立秋"后至 10 月,出现连旱。

连旱:在连续 20 d 内基本无雨(总降水量≤10 mm)作为旱期统计,40 d 内总雨量<30 mm,41～60 d 内总雨量<40 mm,61 d 以上总雨量<50 mm;在以上旱期内不得有大雨或以上降水过程;山区各干旱等级降低 10 d,滨湖区各干旱等级增加 10 d。

一般干旱:满足以下二个条件中的任意一条。

——出现一次连旱 40～60 d;

——出现两次连旱总天数 60～75 d。

大旱:满足以下二个条件中的任意一条。

——出现一次连旱 61～75 d;

——出现两次连旱总天数 76～90 d。

特大旱:满足以下二个条件中的任意一条。

——出现一次连旱 76 d 以上；

——出现两次连旱总天数 91 d 以上。

B3.3　冬酣:冬酣(烂冬、湿冬)是冬季(12 月至次年 2 月)总雨日比历年多 7 d 或以上。

轻度冬酣:冬季降水日数比历年同期偏多 7～10 d。

中度冬酣:冬季降水日数比历年同期偏多 11～15 d。

重度冬酣:冬季降水日数比历年同期偏多 16 d 或以上。

B3.4　连阴雨:3 月 1 日至 10 月 30 日,日降水量≥0.1 mm 连续 7 d 或以上,且过程日平均日照时数≤1.0 h。

轻度连阴雨:连续阴雨天 7～9 d。

中度连阴雨:连续阴雨天 10～12 d。

重度连阴雨:连续阴雨天 13 d 或以上。

B3.5　春寒:3 月中旬至 4 月下旬的旬平均气温低于该旬平均值 2 ℃ 或以上。

B3.6　倒春寒:3 月中旬至 4 月下旬的旬平均气温低于该旬平均值 2 ℃ 或以上,并低于前旬平均气温,则该旬为倒春寒。

轻度倒春寒:$\Delta T_i > -3.5$ ℃。(ΔT 表示出现倒春寒的旬平均气温与历年同期旬平均气温的差值。)

中度倒春寒:-5.0 ℃$< \Delta T_i \leq -3.5$ ℃。(ΔT_i 表示出现倒春寒的旬平均气温与历年同期旬平均气温的差值。)

重度倒春寒:$\Delta T_i \leq -5.0$ ℃ 或多旬(含两旬)出现倒春寒。(ΔT_i 表示出现倒春寒的旬平均气温与历年同期旬平均气温的差值。)

B3.7　五月低温:5 月连续 5 d 或以上日平均气温≤20 ℃。

轻度五月低温:日平均气温为 18～20 ℃ 连续 5～6 d。

中度五月低温:满足以下二个条件中的任意一条。

——日平均气温 18～20 ℃ 连续 7～9 d；

——日平均气温为 15.6～17.9 ℃ 连续 7～8 d。

重度五月低温:满足以下二个条件中的任意一条。

——日平均气温 18～20 ℃ 连续 10 d 或以上；

——日平均气温为≤15.5 ℃ 连续 5 d 或以上。

B3.8　寒露风:9 月日平均气温≤20 ℃ 连续 3 d 或以上。

轻度寒露风:日平均气温为 18.5～20 ℃ 连续 3～5 d。

中度寒露风:日平均气温 17.0～18.4 ℃ 连续 3～5d。

重度寒露风:满足以下二个条件中的任意一条。

——日平均气温≤17.0 ℃ 连续 3 d 或以上；

——日平均气温≤20 ℃ 连续 6 d 或以上。

B3.9　高温热害:高温对农业生产、人们健康及户外作业产生的直接或间接的危害。

轻度高温热害:日最高气温≥35 ℃ 连续 5～10 d。

中度高温热害:日最高气温≥35 ℃ 连续 11～15 d。

重度高温热害:日最高气温≥35 ℃ 连续 16 d 或以上。

B 3.10 干热风:日平均气温≥30 ℃,14 时相对湿度≤60%、偏南风速≥5 m/s,连续 3 d 或以上。

B3.11 霜冻:在秋末春初季节日平均气温在 0 ℃ 以上时,在土壤表面,植物表面及近地面空气层温度降低到 0 ℃ 或 0 ℃ 以下的现象。发生霜冻的时候,可以有霜(白色的冻结物,也称白霜),也可以没有霜。一般是以地面温度小于或等于 0 ℃ 作为霜冻的标准。

B3.12 冰冻:冰冻是指雨凇、雾凇、冻结雪、湿雪层;不指地面结冰现象。

轻度冰冻:连续冰冻日数 1～3 d。

中度冰冻:连续冰冻日数 4～6 d。

重度冰冻:连续冰冻日数 7 d 或以上。

B3.13 风灾:由大风引起建筑物倒塌、人员伤亡、农作物受损的灾害。

轻度风灾:风力 8≤f<9 级,农作物受灾轻,财产损失少,无人员伤亡。

中度风灾:风力 9≤f<10 级,农作物和财产损较重,人畜伤亡较少。

重度风灾:风力 f≥10 级,农作物、财产损失和人畜伤亡严重。

B3.14 雹灾:坚硬的球状、锥状或形状不规则的固体降水,造成农作物、房屋损坏,其至打死打伤人,通常与大风、暴雨相伴随。

轻度雹灾:雹块直径≤9 mm,持续时间短暂、雹粒水,造成的损失较轻。

中度雹灾:雹块直径 10～15 mm,持续时间较长 2～5 min,冰雹密度较大。地面有少量积雹,造成的损失较重。

重度雹灾:雹块直径>10 mm,降雹持续大于 5 min,冰雹密度大。地面有大量积雹,造成人畜伤亡。

B3.15 恶劣能见度:由雾、降雨(雪)、沙尘、烟雾等视程障碍现象造成水平能见度在 1000 m 以下。

B3.16 雷击:由雷电引发的一种自然灾害,打雷时电流通过人、畜、树木、建筑物等而造成杀伤或破坏。它包括直接雷击、感应雷击和球状闪电雷击。

B4 气象指数

B4.1 气象指数:运用数理统计方法,对气温、气压、温度、风等多种气象要素和地理、天文和季节等其他因素综合进行计算而得出的客观量化的预测指标。

B4.2 环境气象指数:研究大气圈、水圈、岩石圈和生物圈之间相互作用以及人类活动引起的大气变化、污染、辐射等到对生物、各种设施及国民经济影响的客观量化指标。

B4.3 紫外线指数

紫外线指数:衡量某地下午前后到达地面的太阳光线中的紫外线辐射对人体皮肤、眼睛等组织和器官可能的损伤程度的指标。主要依赖于纬度、海拔高度、季节、平流层臭氧、云、地面反照率和大气污染状况等条件。

指数通过转换到达地面的紫外线辐射量来计算,取值范围为 0～15。计算方法按(B 4.1):

$$Fuv = CAF \times 0.43 \times S_o \times (0.944 - 0.063 \times Z) \times \sin h / 25 \qquad (B4.1)$$

式中,Fuv 为紫外线指数;CAF 为由云量而引起的紫外线总辐射衰减量;S_o 为太阳常数;Z 为垂直能见度常数;$Sinh$ 为太阳高度角函数。

紫外线指数强度等级划分如表 B4.1 所示。

表 B4.1 紫外线指数等级

级别	紫外线指数	紫外线辐射强度
一级	0~2	最弱
二级	3~4	弱
三级	5~6	中等
四级	7~9	强
五级	≥10	很强

B4.4 森林火险天气等级

森林火险天气等级:充分考虑气温、湿度、降水、连续无雨日数、风力和物候季节等多因子的共同影响后,林区内可燃物潜在发生火灾的危险程度(或易燃程度、蔓延程度)。

指数发布时段为 10 月—次年 4 月。计算方法、等级划分及等级描述与说明符合 LY/T 1172—1995《全国森林火险天气等级》的规定,其中湖南省的物候订正指数的确定见表 B 4.2。

表 B4.2 各月物候订正指数

月份	10	11	12	1	2	3	4 月上半月	4 月下半月
物候订正指数	10	10	14	12	10	8	5	10

B4.5 城市火险天气等级

城市火险天气等级:充分考虑湿度、可燃物表面和内部的干燥程度、环境热状况、风力等多因子的共同影响后,城市内一般性可燃物潜在发生火灾的危险程度。

计算方法按式(B4.2):

$$F_{fire} = I_{fj} \times \left[(e^{(-0.0022 \times Hmin)} - 0.442) + (dT)^2 + \lg(N_{10}) + N_1^2 + V_m^2 \right] \quad (B4.2)$$

式中:F_{fire} 为火险指数;I_{fj} 为季节常数;$Hmin$ 为最小相对湿度;dT 为气温日较差;N_1 为到当天为止日降水量≤2 mm 的连续天数(只要>2 mm 则记为 0);N_{10} 为到当天为止日降水量≤10 mm 的连续天数(只要>10 mm 则记为 0);V_m 为最大风速。

城市火险等级划分如表 B4.3。

表 B4.3 城市火险天气等级的分级说明

等级	城市火险指数	等级说明
一级	≤0.50	低火险(基础Ⅰ级)
二级	0.51~0.55	较低火险(基础Ⅱ级)
三级	0.56~0.65	中等火险
四级	0.66~0.75	较高火险
五级	>0.75	高火险

B4.6 旅游气象条件

旅游气象条件:综合考虑气温、降水、大风等气象因素以及各种极端环境天气条件、事件,得到的是否适宜旅游的指标。

计算方法按式(B4.3)：

$$Fly = 10 - (N + Fuv + 3 \times dT + 3 \times dV + Kr + Kw + Khot)/5 \qquad (B4.3)$$

式中：Fly 为旅游指数；N 为总云量；Fuv 为紫外线指数；dT 为平均气温；dV 为平均风速；Kr 为雨量指数，当日雨量 ≥25 mm 时，取值 20；当日雨量小于 25 mm 且大于 5 mm 时，取值 5；其他情况时取值 0；Kw 为恶劣天气指数，当天有恶劣天气(如大雾、雷电、冰雹等)时取值 5；否则为 0。$Khot$ 为最高气温指数。当日最高气温 ≥35 ℃时，取值 10；其他情况为 0。

旅游气象条件等级划分如表 B4.4。

表 B4.4　旅游气象条件的分级说明

等级	旅游气象指数	等级说明
一级	≤0.50	气象条件差,不适宜旅游
二级	0.5~1.5	气象条件差,不太适宜旅游
三级	1.5~3.0	气象条件一般,基本适宜旅游
四级	3.0~6.0	气象条件良好,适宜旅游
五级	>6.0	气象条件优,极适宜旅游

B4.7　城市热岛效应

城市热岛效应：同一时间城区气温普遍高于周围的郊区气温,高温的城区处在低温的郊区包围之中,如同汪洋大海中的岛屿的现象。

指数值反映为中心城区与郊区的气温差,预报值为一天中可能出现的最大值。发布时段为 5—9 月。

计算方法按式(B4.4)：

$$Fdhor = 0.12 \times Ifx - 0.36 \times \overline{V} - 0.13 \times T_{min} + 5.87 \qquad (B4.4)$$

式中,$Fdhor$ 为城市热岛强度指数；Ifx 为风向指数；当天为偏南风时,Ifx 取值 0；前一天若出现偏南风加 1,加到 2 为止,当天为偏北风时则 Ifx 取值 −1,前一天若出现偏北风减 1,减到 −3 为止；$\overline{V}$ 为平均风速；T_{min} 为最低气温。

城市热岛效应强度等级划分如表 B4.5。

表 B4.5　城市热岛效应的强度等级说明

等级	城市热岛效应	等级说明
一级	≤0.50	强度微弱,城郊温差 0.1~0.5 ℃
二级	0.5~1.0	强度弱,城郊温差 0.5~1 ℃
三级	1.0~2.0	强度中等,城郊温差 1.0~2.0 ℃
四级	2.0~3.0	强度弱,城郊温差 2.0~3.0 ℃
五级	>3.0	强度极强,城郊温差在 3.0 ℃以上

B4.8　空气污染气象条件

空气污染气象条件：大气对排入空气中的污染物稀释、扩散、聚积和清除等状态的总描述。

空气污染气象条件预报：不考虑污染源的情况,从气象学角度出发,大气对排入空气中的污染物稀释、扩散、聚积和清除能力的预报。

空气污染气象条件等级划分如表 B4.6 所示。

表 B4.6 空气污染气象条件的分级说明

等级	空气污染气象条件指数	等级说明
一级	<-4	气象条件好,非常有利于空气污染物稀释、扩散和清除
二级	-4~-2	气象条件较好,有利于污染物稀释、扩散和清除
三级	-1~1	气象条件一般,对空气污染物稀释、扩散和清除无明显影响
四级	2~4	气象条件较差,不利于空气污染物稀释、扩散和清除
五级	≥5	气象条件差,非常不利于空气污染稀释、扩散和清除

B4.9 人体舒适度指数

人体舒适度指数:考虑了气温、湿度、风等气象因子对人体的综合作用后,一般人群对外界气象环境感受到舒适与否及其程度。

内容可以包括平均值、最小值、最大值或者变化范围。计算方法按式(B4.5):

$$K = 1.8 \times T - 0.55 \times (1.8 \times T - 26) \times (1 - RH) - 3.2 \times \sqrt{V} + 3.2 \qquad (B4.5)$$

式中,K 为人体舒适度指数;T 为平均气温;RH 为平均相对湿度;V 为平均风速。

人体舒适度等级划分采用九级划分法,具体见表 B4.7。

表 B4.7 人体舒适度指数的分级说明

等级	人体舒适度指数 K	描述	等级	人体舒适度指数	描述
零级	61~70	热感觉定为舒适			
一级	71~75	热感觉定为温暖、较舒适	负一级	51~60	热感觉定为凉爽、较舒适
二级	76~80	热感觉定为暖、不舒适	负二级	41~50	热感觉定为凉、不舒适
三级	81~85	热感觉定为热、很不舒适	负三级	20~40	热感觉定为冷、很不舒适
四级	>80	热感觉定为很热、极不适应	负四级	<20	热感觉定为很冷、极不适应

B4.10 体感温度

体感温度:考虑了气温、湿度、风速、太阳辐射(云量)及着装的多少、色彩等因素后,人体所感觉到的环境温度。度量为温度单位。

预报不分等级,直接发布温度范围。计算方法按式(B4.6):

$$T_g = T_a + 0.252 \times (1 - 0.9 M_c) I_a + T_u - T_v \qquad (B4.6)$$

式中,T_g 为体感温度;T_a 为气温(计算最高体感温度使用最高气温,计算最低体温度使用最低气温);M_c 为总云量系数;I_a、T_v 为最大和最小风速对体感温度的修正值;T_u 为最大相对湿度对体感温度的修正量。

B4.11 穿衣指数

穿衣指数:根据天空状况、气温、湿度及风等气象因子对人体感觉温度的影响,为了使人的体表温度保持恒定或使人体保持舒适状态所需穿着衣服的标准厚度。

指数发布时段为 6 月 1 日—8 月 31 日;或在 5 月和 9 月上中旬,如果出现日最高气温>30 ℃时,按式(B4.7)计算:

$$I = [33 - (T_{max} + T_{min})/2]/16 \qquad (B4.7)$$

其他情况和时段按式(B4.8)计算:

$$I = (33 - T_{min})/12.84 \qquad (B4.8)$$

上述两式中:I 为穿衣指数;T_{max} 为最高气温;T_{min} 为最低气温。

穿衣指数等级划分见表 B4.8。

表 B4.8 穿衣指数等级

等级	穿衣指数 I(克罗)	适宜衣着
一级	0.1～0.6	夏季着装,适宜着短袖上衣、短裤、短裙、薄 T 恤
二级	0.7～0.9	夏季着装,适宜着衬衣、T 恤、裙装
三级	1.0～1.4	春秋装,适宜着厚衬衣、针织长袖衫、长袖 T 恤、薄衬衣加西服或夹克
四级	1.5～1.6	春秋装,适宜着毛衣、西服、夹克夹衣、套装内着棉衫
五级	1.7～1.9	春秋装,适宜着毛衣、西服、外套、风衣、内着棉毛衫
六级	2.0～2.3	冬季装,适宜着厚外套、大衣、皮夹克、内着毛衣
七级	2.4～3.5	冬季装,适宜着棉衣、大衣、皮夹克、内着毛衣
八级	3.6～4.7	冬季装,适宜着厚棉衣、呢大衣、皮夹克、皮裘、内着毛衣

注:1 个克罗热阻的衣服相当于 1 件西服,4 个克罗热阻的衣服相当于 1 件棉衣。

B4.12 中暑指数

中暑指数:在高温高湿或强辐射热的气象条件下,一般人群发生中暑的概率。

指数发布时段为 5—9 月。计算方法按式(B4.9):

$$F_{zs} = 0.42 \times T_3 + 0.33 \times T_{-35} + f \tag{B4.9}$$

$$T_{-35} = \sum_{i=1}^{N} (T_i - 35), (n = 1, 2, 3 \cdots, n)$$

式中,F_{zs} 为中暑指数;T_3 为连续 3 d 的平均气温;f 为 14 时相对湿度对中暑指数的修正值;T_i 为到当天为止连续出现的高温日的最高气温(只要日最高气温<35 ℃,则记为 0)。

中暑指数等级划分见表 B4.9。

表 B4.9 中暑指数的分级说明

等级	中暑指数	等级说明
一级	≤ -1.0	不会中暑
二级	-1.0～0.0	不易中暑
三级	0.0～2.0	较易中暑
四级	2.0～4.0	容易中暑
五级	>4.0	极易中暑

B5 气象灾害预警信号

B5.1 台风预警信号

台风预警信号分四级,分别以蓝色、黄色、橙色和红色表示。

蓝色:24 h 内可能或者已经受热带气旋影响,沿海或者陆地平均风力达 6 级以上,或者阵风 8 级以上并可能持续。

黄色:24 h 内可能或者已经受热带气旋影响,沿海或者陆地平均风力达 8 级以上,或者阵风 10 级以上并可能持续。

橙色:12 h 内可能或者已经受热带气旋影响,沿海或者陆地平均风力达 10 级以上,或者阵风 12 级以上并可能持续。

红色:6 h 内可能或者已经受热带气旋影响,沿海或者陆地平均风力达 12 级以上,或者阵风 14 级以上并可能持续。

B5.2　暴雨预警信号

暴雨预警信号分四级,分别以蓝色、黄色、橙色、红色表示。

蓝色:12 h 内降雨量将达 50 mm 以上,或者已达 50 mm 以上且降雨可能持续。

黄色:6 h 内降雨量将达 50 mm 以上,或者已达 50 mm 以上且降雨可能持续。

橙色:3 h 内降雨量将达 50 mm 以上,或者已达 50 mm 以上且降雨可能持续。

红色:3 h 内降雨量将达 100mm 以上,或者已达 50mm 以上且降雨可能持续。

B5.3　暴雪预警信号

暴雪预警信号分四级,分别以蓝色、黄色、橙色、红色表示。

蓝色:12 h 内降雪量将达 4 mm 以上,或者已达 4 mm 以上且降雪持续,可能对交通或者农牧业有影响。

黄色:12 h 内降雪量将达 6 mm 以上,或者已达 6 mm 以上且降雪持续,可能对交通或者农牧业有影响。

橙色:6 h 内降雪量将达 10 mm 以上,或者已达 10 mm 以上且降雪持续,可能或者对交通或者农牧业有较大影响。

红色:6 h 内降雪量将达 15 mm 以上,或者已达 15 mm 以上且降雪持续,可能或者对交通或者农牧业有较大影响。

B5.4　寒潮预警信号

寒潮预警信号分四级,分别以蓝色、黄色、橙色、红色表示。

蓝色:48 h 内最低气温将要下降 8 ℃以上,最低气温低于等于 4 ℃,陆地平均风力可达 5 级以上;或者已经下降 8 ℃以上,最低气温低于等于 4 ℃,平均风力达 5 级以上,并可能持续。

黄色:24 h 内最低气温将要下降 10 ℃以上,最低气温低于等于 4 ℃,陆地平均风力可达 6 级以上;或者已经下降 10 ℃以上,最低气温低于等于 4 ℃,平均风力达 6 级以上,并可能持续。

橙色:24 h 内最低气温将要下降 12 ℃以上,最低气温低于等于 0 ℃,陆地平均风力可达 6 级以上;或者已经下降 12 ℃以上,最低气温低于等于 0 ℃,平均风力达 6 级以上,并可能持续。

红色:24 h 内最低气温将要下降 16 ℃以上,最低气温低于等于 0 ℃,陆地平均风力可达 6 级以上;或者已经下降 16 ℃以上,最低气温低于等于 0 ℃,平均风力达 6 级以上,并可能持续。

B5.5　大风预警信号

大风(除台风外)预警信号分四级,分别以蓝色、黄色、橙色、红色表示。

蓝色:24 h 内可能受大风影响,平均风力可达 6 级以上,或者阵风 7 级以上;或者已经受大风影响,平均风力为 6～7 级,或者阵风 7～8 级并可能持续。

黄色:12 h 内可能受大风影响,平均风力可达 8 级以上,或者阵风 9 级以上;或者已经受大风影响,平均风力为 8～9 级,或者阵风 9～10 级并可能持续。

橙色:6 h 内可能受大风影响,平均风力可达 10 级以上,或者阵风 11 级以上;或者已经受大风影响,平均风力为 10～11 级,或者阵风 11～12 级并可能持续。

红色:6 h 内可能受大风影响,平均风力可达 12 级以上,或者阵风 13 级以上;或者已经受大风影响,平均风力为 12 级,或者阵风 13 级并可能持续。

B5.6　沙尘预警信号

沙尘预警信号分三级,分别以黄色、橙色、红色表示。

黄色:12 h内可能出现沙尘暴天气(能见度小于1000 m),或者已经出现沙尘暴天气并可能持续。

橙色:6 h内可能出现沙尘暴天气(能见度小于500 m),或者已经出现沙尘暴天气并可能持续。

红色:6 h内可能出现特强沙尘暴天气(能见度小于50 m),或者已经出现特强沙尘暴天气并可能持续。

B5.7　高温预警信号

高温预警信号分三级,分别以黄色、橙色、红色表示。

黄色:连续3 d日最高气温将在35 ℃以上。

橙色:24 h内最高气温将升至37 ℃以上。

红色:24 h内最高气温将升至40 ℃以上。

B5.8　干旱预警信号

干旱预警信号分二级,分别以橙色、红色表示。

橙色:预计未来一周综合气象干旱指数达到重旱(气象干旱为25~50年一遇),或者某一县(区)有40%以上的农作物受旱。

红色:预计未来一周综合气象干旱指数达到特旱(气象干旱为50年以上一遇),或者某一县(区)有60%以上的农作物受旱。

B5.9　雷电预警信号

雷电预警信号分三级,分别以黄色、橙色、红色表示。

黄色:6 h内可能发生雷电活动,可能会造成雷电灾害事故。

橙色:2 h内可能发生雷电活动的可能性很大,或者已经受雷电活动影响,且可能持续,出现雷电灾害事故的可能性比较大。

红色:2 h内可能发生雷电活动的可能性非常大,或者已经有强烈的雷电活动发生,且可能持续,出现雷电灾害事故的可能性非常大。

B5.10　冰雹预警信号

冰雹预警信号分二级,分别以橙色、红色表示。

橙色:6 h内可能出现冰雹天气,并可能造成雹灾。

红色:2 h内出现冰雹可能性极大,并可能造成重雹灾。

B5.11　霜冻预警信号

霜冻预警信号分三级,分别以蓝色、黄色、橙色表示。

蓝色:48 h内地面最低温度将要下降到0 ℃以下,对农业将产生影响,或者已经降到0 ℃以下,对农业已经产生影响,并可能持续。

黄色:24 h内地面最低温度将要下降到-3 ℃以下,对农业将产生严重影响,或者已经降到-3 ℃以下,对农业已经产生严重影响,并可能持续。

橙色:24 h内地面最低温度将要下降到-5 ℃以下,对农业将产生严重影响,或者已经降到-5 ℃以下,对农业已经产生严重影响,并可能持续。

B5.12　大雾预警信号

大雾预警信号分三级,分别以黄色、橙色、红色表示。

黄色:12 h内可能出现能见度小于500 m的雾,或者已经出现能见度小于500 m、大于等于200 m的雾并将持续。

橙色:6 h 内可能出现能见度小于 200 m 的雾,或者已经出现能见度小于 200 m、大于等于 50 m 的雾并将持续。

红色:2 h 内可能出现能见度小于 50 m 的雾,或者已经出现能见度小于 50 m 的雾并将持续。

B5.13　霾预警信号

霾预警信号分二级,分别以黄色、橙色表示。

黄色:12 h 内可能出现能见度小于 3000 m 的霾,或者已经出现能见度小于 3000 m 的霾且可能持续。

橙色:6 h 内可能出现能见度小于 2000 m 的霾,或者已经出现能见度小于 2000 m 的霾且可能持续。

B5.14　道路结冰预警信号

道路结冰警信号分三级,分别以黄色、橙色、红色表示。

黄色:当路表温度低于 0 ℃,出现降水,12 h 内可能出现对交通有影响的道路结冰。

橙色:当路表温度低于 0 ℃,出现降水,6 h 内可能出现对交通有较大影响的道路结冰。

红色:当路表温度低于 0 ℃,出现降水,2 h 内可能出现对交通有很大影响的道路结冰。

B6　二十四节气的农业意义

二十四节气的每一个节气都有它特定的意义,仅是节气的名称便点出了这段时间气象条件的变化以及它与农业生产的密切关系。每个节气的含义简述如下。

夏至,冬至　表示炎热的夏天和寒冷的冬天快要到来。一般说来,最热的月份是 7 月,夏至是 6 月 22 日,表示最热的夏天快要到了;最冷的月份是 1 月,冬至是 12 月 23 日,表示最冷的冬天快要到了;所以称作夏至,冬至。又因为夏至日白昼最长,冬至日白昼最短,古代又分别称之为日长至和日短至。

春分,秋分　表示昼夜平分。这两天正是昼夜相等,"平分"了一天,古时统称为日夜分。这两个节气又正处在立春与立夏,立秋与立冬的中间,把春季与秋季各一分两半,因此也有据此来解释春分和秋分的。

立春,立夏,立秋,立冬　按照我国古代天文学上划分季节的方法,是把"四立"作为四季的开始,自立春到立夏为春,立夏到立秋为夏,立秋到立冬为秋,立冬到立春为冬。立是开始的意思,因此,这四个节气是指春、夏、秋、冬四季的开始。

此外,不论"二至","二分"还是"四立",尽管源自天文,但它们中的春、夏、秋、冬四字都具有农业意义,那就是前面讲到的春种,夏长、秋收、冬藏。在古代一年一熟的种植制度下,简单四个字就概括了农业生产与气象关系的全过程,在一定程度上反映了一年里的农业气候规律。

雨水　表示少雨雪的冬季已过,降雨(主要不是降雪了)开始,雨量开始逐渐增加了。

惊蛰　蛰是藏的意思,生物钻到土里冬眠过冬叫入蛰。它们在第二年回春后再钻出土来活动,古时认为是被雷声震醒的,所以叫惊蛰。从惊蛰日开始,可以听到雷声,蛰伏地下冬眠的昆虫和小动物被雷声震醒,出土活动。这时气温和地温都逐渐升高,土壤已解冻,春耕可以开始了。

清明　天气晴朗,温暖,草木开始现青。嫩芽初生,小叶翠绿,清洁明净的风光代替了草木枯黄、满目萧条的寒冬景象。

谷雨 降雨明显增加。这一时期雨水对谷类作物的生长发育很有作用。越冬作物需要雨水以利返青拔节,春播作物也需要雨水才能播种出苗。古代解释即所谓"雨生百谷"。

小满 麦类等夏熟作物籽粒已开始饱满,但还没有成熟,所以称作小满。

芒种 芒指一些有芒的作物,种是种子的意思。芒种表明小麦,大麦等有芒作物种子已经成熟,可以收割。而这时晚谷黍,稷等夏播作物也正是播种最忙的季节,所以芒种又称为"忙种""春争日,夏争时",这个夏就是指这个节气的农忙。

小暑,大暑 暑是炎热的意思,是一年中最热的季节,小暑是气候开始炎热,但还没到最热的时候,因此称小暑。大暑是一年中最热的时候,因而称为大暑。

处暑 处是终止,躲藏的意思。处暑是表示炎热的夏天即将过去,快要"躲藏"起来了。

白露 处暑后气温降低很快,虽不很低,但夜间温度已达到成露的条件,因此,露水凝结得较多,较重,呈现白露。

寒露 气温更低,露水更多,也更凉,有成冻露的可能,故称寒露。

霜降 气候已渐渐寒冷,开始有白霜出现了。

小雪、大雪 入冬以后,天气冷了,开始下雪。小雪时,开始下雪,但还不多不大。大雪时,雪下得大起来,地面可有积雪了。

小寒、大寒 寒是寒冷的意思,是一年中最冷的季节。小寒是气候开始寒冷,但还没有到最冷的时候,因此称为小寒。大寒是一年中最冷的时候,因而称之为大寒。这两个节气是相对小暑,大暑来说的,相隔正好半年,符合我国的实际情况。

附录 C 气象法规

C1 中华人民共和国气象法

(2016 年 10 月 7 日第三次修正)

第一章 总 则

第一条 为了发展气象事业,规范气象工作,准确、及时地发布气象预报,防御气象灾害,合理开发利用和保护气候资源,为经济建设、国防建设、社会发展和人民生活提供气象服务,制定本法。

第二条 在中华人民共和国领域和中华人民共和国管辖的其他海域从事气象探测、预报、服务和气象灾害防御、气候资源利用、气象科学技术研究等活动,应当遵守本法。

第三条 气象事业是经济建设、国防建设、社会发展和人民生活的基础性公益事业,气象工作应当把公益性气象服务放在首位。

县级以上人民政府应当加强对气象工作的领导和协调,将气象事业纳入中央和地方同级国民经济和社会发展计划及财政预算,以保障其充分发挥为社会公众、政府决策和经济发展服务的功能。

县级以上地方人民政府根据当地社会经济发展的需要所建设的地方气象事业项目,其投资主要由本级财政承担。

气象台站在确保公益性气象无偿服务的前提下,可以依法开展气象有偿服务。

第四条 县、市气象主管机构所属的气象台站应当主要为农业生产服务,及时主动提供保障当地农业生产所需的公益性气象信息服务。

第五条 国务院气象主管机构负责全国的气象工作。地方各级气象主管机构在上级气象主管机构和本级人民政府的领导下,负责本行政区域内的气象工作。

国务院其他有关部门和省、自治区、直辖市人民政府其他有关部门所属的气象台站,应当接受同级气象主管机构对其气象工作的指导、监督和行业管理。

第六条 从事气象业务活动,应当遵守国家制定的气象技术标准、规范和规程。

第七条 国家鼓励和支持气象科学技术研究、气象科学知识普及,培养气象人才,推广先进的气象科学技术,保护气象科技成果,加强国际气象合作与交流,发展气象信息产业,提高气象工作水平。

各级人民政府应当关心和支持少数民族地区、边远贫困地区、艰苦地区和海岛的气象台站的建设和运行。

对在气象工作中做出突出贡献的单位和个人,给予奖励。

第八条 外国的组织和个人在中华人民共和国领域和中华人民共和国管辖的其他海域从

事气象活动,必须经国务院气象主管机构会同有关部门批准。

第二章 气象设施的建设与管理

第九条 国务院气象主管机构应当组织有关部门编制气象探测设施、气象信息专用传输设施、大型气象专用技术装备等重要气象设施的建设规划,报国务院批准后实施。气象设施建设规划的调整、修改,必须报国务院批准。

编制气象设施建设规划,应当遵循合理布局、有效利用、兼顾当前与长远需要的原则,避免重复建设。

第十条 重要气象设施建设项目应当符合重要气象设施建设规划要求,并在项目建议书和可行性研究报告批准前,征求国务院气象主管机构或者省、自治区、直辖市气象主管机构的意见。

第十一条 国家依法保护气象设施,任何组织或者个人不得侵占、损毁或者擅自移动气象设施。

气象设施因不可抗力遭受破坏时,当地人民政府应当采取紧急措施,组织力量修复,确保气象设施正常运行。

第十二条 未经依法批准,任何组织或者个人不得迁移气象台站;确因实施城市规划或者国家重点工程建设,需要迁移国家基准气候站、基本气象站的,应当报经国务院气象主管机构批准;需要迁移其他气象台站的,应当报经省、自治区、直辖市气象主管机构批准。迁建费用由建设单位承担。

第十三条 气象专用技术装备应当符合国务院气象主管机构规定的技术要求,并经国务院气象主管机构审查合格;未经审查或者审查不合格的,不得在气象业务中使用。

第十四条 气象计量器具应当依照《中华人民共和国计量法》的有关规定,经气象计量检定机构检定。未经检定、检定不合格或者超过检定有效期的气象计量器具,不得使用。

国务院气象主管机构和省、自治区、直辖市气象主管机构可以根据需要建立气象计量标准器具,其各项最高计量标准器具依照《中华人民共和国计量法》的规定,经考核合格后,方可使用。

第三章 气象探测

第十五条 各级气象主管机构所属的气象台站,应当按照国务院气象主管机构的规定,进行气象探测并向有关气象主管机构汇交气象探测资料。未经上级气象主管机构批准,不得中止气象探测。

国务院气象主管机构及有关地方气象主管机构应当按照国家规定适时发布基本气象探测资料。

第十六条 国务院其他有关部门和省、自治区、直辖市人民政府其他有关部门所属的气象台站及其他从事气象探测的组织和个人,应当按照国家有关规定向国务院气象主管机构或者省、自治区、直辖市气象主管机构汇交所获得的气象探测资料。

各级气象主管机构应当按照气象资料共享、共用的原则,根据国家有关规定,与其他从事气象工作的机构交换有关气象信息资料。

第十七条 在中华人民共和国内水、领海和中华人民共和国管辖的其他海域的海上钻井平台和具有中华人民共和国国籍的在国际航线上飞行的航空器、远洋航行的船舶,应当按照国家有关规定进行气象探测并报告气象探测信息。

第十八条 基本气象探测资料以外的气象探测资料需要保密的,其密级的确定、变更和解密以及使用,依照《中华人民共和国保守国家秘密法》的规定执行。

第十九条 国家依法保护气象探测环境,任何组织和个人都有保护气象探测环境的义务。

第二十条 禁止下列危害气象探测环境的行为:

(一)在气象探测环境保护范围内设置障碍物、进行爆破和采石;

(二)在气象探测环境保护范围内设置影响气象探测设施工作效能的高频电磁辐射装置;

(三)在气象探测环境保护范围内从事其他影响气象探测的行为。

气象探测环境保护范围的划定标准由国务院气象主管机构规定。各级人民政府应当按照法定标准划定气象探测环境的保护范围,并纳入城市规划或者村庄和集镇规划。

第二十一条 新建、扩建、改建建设工程,应当避免危害气象探测环境;确实无法避免的,建设单位应当事先征得省、自治区、直辖市气象主管机构的同意,并采取相应的措施后,方可建设。

第四章 气象预报与灾害性天气警报

第二十二条 国家对公众气象预报和灾害性天气警报实行统一发布制度。

各级气象主管机构所属的气象台站应当按照职责向社会发布公众气象预报和灾害性天气警报,并根据天气变化情况及时补充或者订正。其他任何组织或者个人不得向社会发布公众气象预报和灾害性天气警报。

国务院其他有关部门和省、自治区、直辖市人民政府其他有关部门所属的气象台站,可以发布供本系统使用的专项气象预报。

各级气象主管机构及其所属的气象台站应当提高公众气象预报和灾害性天气警报的准确性、及时性和服务水平。

第二十三条 各级气象主管机构所属的气象台站应当根据需要,发布农业气象预报、城市环境气象预报、火险气象等级预报等专业气象预报,并配合军事气象部门进行国防建设所需的气象服务工作。

第二十四条 各级广播、电视台站和省级人民政府指定的报纸,应当安排专门的时间或者版面,每天播发或者刊登公众气象预报或者灾害性天气警报。

各级气象主管机构所属的气象台站应当保证其制作的气象预报节目的质量。

广播、电视播出单位改变气象预报节目播发时间安排的,应当事先征得有关气象台站的同意;对国计民生可能产生重大影响的灾害性天气警报和补充、订正的气象预报,应当及时增播或者插播。

第二十五条 广播、电视、报纸、电信等媒体向社会传播气象预报和灾害性天气警报,必须使用气象主管机构所属的气象台站提供的适时气象信息,并标明发布时间和气象台站的名称。通过传播气象信息获得的收益,应当提取一部分支持气象事业的发展。

第二十六条 信息产业部门应当与气象主管机构密切配合,确保气象通信畅通,准确、及时地传递气象情报、气象预报和灾害性天气警报。

气象无线电专用频道和信道受国家保护,任何组织或者个人不得挤占和干扰。

第五章 气象灾害防御

第二十七条 县级以上人民政府应当加强气象灾害监测、预警系统建设,组织有关部门编制气象灾害防御规划,并采取有效措施,提高防御气象灾害的能力。有关组织和个人应当服从人民政府的指挥和安排,做好气象灾害防御工作。

第二十八条 各级气象主管机构应当组织对重大灾害性天气的跨地区、跨部门的联合监测、预报工作,及时提出气象灾害防御措施,并对重大气象灾害做出评估,为本级人民政府组织防御气象灾害提供决策依据。

各级气象主管机构所属的气象台站应当加强对可能影响当地的灾害性天气的监测和预报,并及时报告有关气象主管机构。其他有关部门所属的气象台站和与灾害性天气监测、预报有关的单位应当及时向气象主管机构提供监测、预报气象灾害所需要的气象探测信息和有关的水情、风暴潮等监测信息。

第二十九条 县级以上地方人民政府应当根据防御气象灾害的需要,制定气象灾害防御方案,并根据气象主管机构提供的气象信息,组织实施气象灾害防御方案,避免或者减轻气象灾害。

第三十条 县级以上人民政府应当加强对人工影响天气工作的领导,并根据实际情况,有组织、有计划地开展人工影响天气工作。

国务院气象主管机构应当加强对全国人工影响天气工作的管理和指导。地方各级气象主管机构应当制定人工影响天气作业方案,并在本级人民政府的领导和协调下,管理、指导和组织实施人工影响天气作业。有关部门应当按照职责分工,配合气象主管机构做好人工影响天气的有关工作。

实施人工影响天气作业的组织必须具备省、自治区、直辖市气象主管机构规定的条件,并使用符合国务院气象主管机构要求的技术标准的作业设备,遵守作业规范。

第三十一条 各级气象主管机构应当加强对雷电灾害防御工作的组织管理,并会同有关部门指导对可能遭受雷击的建筑物、构筑物和其他设施安装的雷电灾害防护装置的检测工作。

安装的雷电灾害防护装置应当符合国务院气象主管机构规定的使用要求。

第六章　气候资源开发利用和保护

第三十二条 国务院气象主管机构负责全国气候资源的综合调查、区划工作,组织进行气候监测、分析、评价,并对可能引起气候恶化的大气成分进行监测,定期发布全国气候状况公报。

第三十三条 县级以上地方人民政府应当根据本地区气候资源的特点,对气候资源开发利用的方向和保护的重点做出规划。

地方各级气象主管机构应当根据本级人民政府的规划,向本级人民政府和同级有关部门提出利用、保护气候资源和推广应用气候资源区划等成果的建议。

第三十四条 各级气象主管机构应当组织对城市规划、国家重点建设工程、重大区域性经济开发项目和大型太阳能、风能等气候资源开发利用项目进行气候可行性论证。

具有大气环境影响评价资质的单位进行工程建设项目大气环境影响评价时,应当使用符合国家气象技术标准的气象资料。

第七章　法律责任

第三十五条 违反本法规定,有下列行为之一的,由有关气象主管机构按照权限责令停止违法行为,限期恢复原状或者采取其他补救措施,可以并处五万元以下的罚款;造成损失的,依

法承担赔偿责任;构成犯罪的,依法追究刑事责任:

(一)侵占、损毁或者未经批准擅自移动气象设施的;

(二)在气象探测环境保护范围内从事危害气象探测环境活动的。

在气象探测环境保护范围内,违法批准占用土地的,或者非法占用土地新建建筑物或者其他设施的,依照《中华人民共和国城乡规划法》或者《中华人民共和国土地管理法》的有关规定处罚。

第三十六条　违反本法规定,使用不符合技术要求的气象专用技术装备,造成危害的,由有关气象主管机构按照权限责令改正,给予警告,可以并处五万元以下的罚款。

第三十七条　违反本法规定,安装不符合使用要求的雷电灾害防护装置的,由有关气象主管机构责令改正,给予警告。使用不符合使用要求的雷电灾害防护装置给他人造成损失的,依法承担赔偿责任。

第三十八条　违反本法规定,有下列行为之一的,由有关气象主管机构按照权限责令改正,给予警告,可以并处五万元以下的罚款:

(一)非法向社会发布公众气象预报、灾害性天气警报的;

(二)广播、电视、报纸、电信等媒体向社会传播公众气象预报、灾害性天气警报,不使用气象主管机构所属的气象台站提供的适时气象信息的;

(三)从事大气环境影响评价的单位进行工程建设项目大气环境影响评价时,使用的气象资料不符合国家气象技术标准的。

第三十九条　违反本法规定,不具备省、自治区、直辖市气象主管机构规定的条件实施人工影响天气作业的,或者实施人工影响天气作业使用不符合国务院气象主管机构要求的技术标准的作业设备的,由有关气象主管机构按照权限责令改正,给予警告,可以并处十万元以下的罚款;给他人造成损失的,依法承担赔偿责任;构成犯罪的,依法追究刑事责任。

第四十条　各级气象主管机构及其所属气象台站的工作人员由于玩忽职守,导致重大漏报、错报公众气象预报、灾害性天气警报,以及丢失或者毁坏原始气象探测资料、伪造气象资料等事故的,依法给予行政处分;致使国家利益和人民生命财产遭受重大损失,构成犯罪的,依法追究刑事责任。

第八章　附　则

第四十一条　本法中下列用语的含义是:

(一)气象设施,是指气象探测设施、气象信息专用传输设施、大型气象专用技术装备等。

(二)气象探测,是指利用科技手段对大气和近地层的大气物理过程、现象及其化学性质等进行的系统观察和测量。

(三)气象探测环境,是指为避开各种干扰保证气象探测设施准确获得气象探测信息所必需的最小距离构成的环境空间。

(四)气象灾害,是指台风、暴雨(雪)、寒潮、大风(沙尘暴)、低温、高温、干旱、雷电、冰雹、霜冻和大雾等所造成的灾害。

(五)人工影响天气,是指为避免或者减轻气象灾害,合理利用气候资源,在适当条件下通过科技手段对局部大气的物理、化学过程进行人工影响,实现增雨雪、防雹、消雨、消雾、防霜等目的的活动。

第四十二条　气象台站和其他开展气象有偿服务的单位,从事气象有偿服务的范围、项目、收费等具体管理办法,由国务院依据本法规定。

第四十三条 中国人民解放军气象工作的管理办法,由中央军事委员会制定。

第四十四条 中华人民共和国缔结或者参加的有关气象活动的国际条约与本法有不同规定的,适用该国际条约的规定;但是,中华人民共和国声明保留的条款除外。

第四十五条 本法自 2000 年 1 月 1 日起施行。1994 年 8 月 18 日国务院发布的《中华人民共和国气象条例》同时废止。

C2 气象灾害防御条例

(2010 年 4 月 1 日起施行)

第一章 总 则

第一条 为了加强气象灾害的防御,避免、减轻气象灾害造成的损失,保障人民生命财产安全,根据《中华人民共和国气象法》,制定本条例。

第二条 在中华人民共和国领域和中华人民共和国管辖的其他海域内从事气象灾害防御活动的,应当遵守本条例。

本条例所称气象灾害,是指台风、暴雨(雪)、寒潮、大风(沙尘暴)、低温、高温、干旱、雷电、冰雹、霜冻和大雾等所造成的灾害。

水旱灾害、地质灾害、海洋灾害、森林草原火灾等因气象因素引发的衍生、次生灾害的防御工作,适用有关法律、行政法规的规定。

第三条 气象灾害防御工作实行以人为本、科学防御、部门联动、社会参与的原则。

第四条 县级以上人民政府应当加强对气象灾害防御工作的组织、领导和协调,将气象灾害的防御工作纳入本级国民经济和社会发展规划,所需经费纳入本级财政预算。

第五条 国务院气象主管机构和国务院有关部门应当按照职责分工,共同做好全国气象灾害防御工作。

地方各级气象主管机构和县级以上地方人民政府有关部门应当按照职责分工,共同做好本行政区域的气象灾害防御工作。

第六条 气象灾害防御工作涉及两个以上行政区域的,有关地方人民政府、有关部门应当建立联防制度,加强信息沟通和监督检查。

第七条 地方各级人民政府、有关部门应当采取多种形式,向社会宣传普及气象灾害防御知识,提高公众的防灾减灾意识和能力。

学校应当把气象灾害防御知识纳入有关课程和课外教育内容,培养和提高学生的气象灾害防范意识和自救互救能力。教育、气象等部门应当对学校开展的气象灾害防御教育进行指导和监督。

第八条 国家鼓励开展气象灾害防御的科学技术研究,支持气象灾害防御先进技术的推广和应用,加强国际合作与交流,提高气象灾害防御的科技水平。

第九条 公民、法人和其他组织有义务参与气象灾害防御工作,在气象灾害发生后开展自救互救。

对在气象灾害防御工作中做出突出贡献的组织和个人,按照国家有关规定给予表彰和奖励。

第二章 预 防

第十条　县级以上地方人民政府应当组织气象等有关部门对本行政区域内发生的气象灾害的种类、次数、强度和造成的损失等情况开展气象灾害普查,建立气象灾害数据库,按照气象灾害的种类进行气象灾害风险评估,并根据气象灾害分布情况和气象灾害风险评估结果,划定气象灾害风险区域。

第十一条　国务院气象主管机构应当会同国务院有关部门,根据气象灾害风险评估结果和气象灾害风险区域,编制国家气象灾害防御规划,报国务院批准后组织实施。

县级以上地方人民政府应当组织有关部门,根据上一级人民政府的气象灾害防御规划,结合本地气象灾害特点,编制本行政区域的气象灾害防御规划。

第十二条　气象灾害防御规划应当所括气象灾害发生发展规律和现状、防御原则和目标、易发区和易发时段、防御设施建设和管理以及防御措施等内容。

第十三条　国务院有关部门和县级以上地方人民政府应当按照气象灾害防御规划,加强气象灾害防御设施建设,做好气象灾害防御工作。

第十四条　国务院有关部门制定电力、通信等基础设施的工程建设标准,应当考虑气象灾害的影响。

第十五条　国务院气象主管机构应当会同国务院有关部门,根据气象灾害防御需要,编制国家气象灾害应急预案,报国务院批准。

县级以上地方人民政府、有关部门应当根据气象灾害防御规划,结合本地气象灾害的特点和可能造成的危害,组织制定本行政区域的气象灾害应急预案,报上一级人民政府、有关部门备案。

第十六条　气象灾害应急预案应当包括应急预案启动标准、应急组织指挥体系与职责、预防与预警机制、应急处置措施和保障措施等内容。

第十七条　地方各级人民政府应当根据本地气象灾害特点,组织开展气象灾害应急演练,提高应急救援能力。居民委员会、村民委员会、企业事业单位应当协助本地人民政府做好气象灾害防御知识的宣传和气象灾害应急演练工作。

第十八条　大风(沙尘暴)、龙卷风多发区域的地方各级人民政府、有关部门应当加强防护林和紧急避难场所等建设,并定期组织开展建(构)筑物防风避险的监督检查。

台风多发区域的地方各级人民政府、有关部门应当加强海塘、堤防、避风港、防护林、避风锚地、紧急避难场所等建设,并根据台风情况做好人员转移等准备工作。

第十九条　地方各级人民政府、有关部门和单位应当根据本地降雨情况,定期组织开展各种排水设施检查,及时疏通河道和排水管网,加固病险水库,加强对地质灾害易发区和堤防等重要险段的巡查。

第二十条　地方各级人民政府、有关部门和单位应当根据本地降雪、冰冻发生情况,加强电力、通信线路的巡查,做好交通疏导、积雪(冰)清除、线路维护等准备工作。

有关单位和个人应当根据本地降雪情况,做好危旧房屋加固、粮草储备、牲畜转移等准备工作。

第二十一条　地方各级人民政府、有关部门和单位应当在高温来临前做好供电、供水和防暑医药供应的准备工作,并合理调整工作时间。

第二十二条　大雾、霾多发区域的地方各级人民政府、有关部门和单位应当加强对机场、港口、高速公路、航道、渔场等重要场所和交通要道的大雾、霾的监测设施建设,做好交通疏导、调度和防护等准备工作。

第二十三条 各类建(构)筑物、场所和设施安装雷电防护装置应当符合国家有关防雷标准的规定。

对新建、改建、扩建建(构)筑物设计文件进行审查,应当就雷电防护装置的设计征求气象主管机构的意见;对新建、改建、扩建建(构)筑物进行竣工验收,应当同时验收雷电防护装置并有气象主管机构参加。雷电易发区内的矿区、旅游景点或者投入使用的建(构)筑物、设施需要单独安装雷电防护装置的,雷电防护装置的设计审核和竣工验收由县级以上地方气象主管机构负责。

第二十四条 专门从事雷电防护装置设计、施工、检测的单位应当具备下列条件,取得国务院气象主管机构或者省、自治区、直辖市气象主管机构颁发的资质证:

(1)有法人资格;

(2)有固定的办公场所和必要的设备、设施;

(3)有相应的专业技术人员;

(4)有完备的技术和质量管理制度;

(5)国务院气象主管机构规定的其他条件。

从事电力、通信雷电防护装置检测的单位的资质证由国务院气象主管机构和国务院电力或者国务院通信主管部门共同颁发。依法取得建设工程设计、施工资质的单位,可以在核准的资质范围内从事建设工程雷电防护装置的设计、施工。

第二十五条 地方各级人民政府、有关部门应当根据本地气象灾害发生情况,加强农村地区气象灾害预防、监测、信息传播等基础设施建设,采取综合措施,做好农村气象灾害防御工作。

第二十六条 各级气象主管机构应当在本级人民政府的领导和协调下,根据实际情况组织开展人工影响天气工作,减轻气象灾害的影响。

第二十七条 县级以上人民政府有关部门在国家重大建设工程,重大区域性经济开发项目和大型太阳能、风能等气候资源开发利用项目以及城乡规划编制中,应当统筹考虑气候可行性和气象灾害的风险性,避免、减轻气象灾害的影响。

第三章　监测、预报和预警

第二十八条 县级以上地方人民政府应当根据气象灾害防御的需要,建设应急移动气象灾害监测设施,健全应急监测队伍,完善气象灾害监测体系。

县级以上人民政府应当整合完善气象灾害监测信息网络,实现信息资源共享。

第二十九条 各级气象主管机构及其所属的气象台站应当完善灾害性天气的预报系统,提高灾害性天气预报、警报的准确率和时效性。

各级气象主管机构所属的气象台站,其他有关部门所属的气象台站和与灾害性天气监测、预报有关的单位应当根据气象灾害防御的需要,按照职责开展灾害性天气的监测工作,并及时向气象主管机构和有关灾害防御、救助部门提供雨情、水情、风情、旱性等监测信息。

各级气象主管机构应当根据气象灾害防御的需要组织开展跨地区、跨部门的气象灾害联合监测,并将人口密集区、农业主产区、地质灾害易发区域、重要江河流域、森林、草原、渔场作为气象灾害监测的重点区域。

第三十条 各级气象主管机构所属的气象台站应当按照职责向社会统一发布灾害性天气警报和气象灾害预警信号,并及时向有关灾害防御、救助部门通报;其他组织和个人不得向社会发布灾害性天气警报和气象灾害预警信号。

气象灾害预警信号的种类和级别,由国务院气象主管机构规定。

第三十一条 广播、电视、报纸、电信等媒体应当及时向社会播发或者刊登当地气象主管机构所属的气象台站提供的适时灾害性天气警报、气象灾害预警信号,并根据当地气象台站的要求及时增播、插播或者刊登。

第三十二条 县级以上地方人民政府应当建立和完善气象灾害预警信息发布系统,并根据气象灾害防御的需要,在交通枢纽、公共活动场所等人口密集区域和气象灾害易发区域建立灾害性天气警报、气象灾害预警信号接收和播发设施,并保证设施的正常运转。

乡(镇)人民政府、街道办事处应当确定人员,协助气象主管机构、民政部门开展气象灾害防御知识宣传、应急联络、信息传递、灾害报告和灾情调查等工作。

第三十三条 各级气象主管机构应当做好太阳风暴、地球空间暴等空间天气灾害的监测、预报和预警工作。

第四章 应急处置

第三十四条 各级气象主管机构所属的气象台站应当及时向本级人民政府和有关部门报告灾害性天气预报、警报情况和气象灾害预警信息。

县级以上地方人民政府、有关部门应当根据灾害性天气警报、气象灾害预警信号和气象灾害应急预案启动标准,及时做出启动相应应急预案的决定,向社会公布,并报告上一级人民政府;必要时,可以越级上报,并向当地驻军和可能受到危害的毗邻地区的人民政府通报。

发生跨省、自治区、直辖市大范围的气象灾害,并造成较大危害时,由国务院决定启动国家气象灾害应急预案。

第三十五条 县级以上地方人民政府应当根据灾害性天气影响范围、强度,将可能造成人员伤亡或者重大财产损失的区域临时确定为气象灾害危险区,并及时予以公告。

第三十六条 县级以上地方人民政府、有关部门应当根据气象灾害发生情况,依照《中华人民共和国突发事件应对法》的规定及时采取应急处置措施;情况紧急时,及时动员、组织受到灾害威胁的人员转移、疏散,开展自救互救。

对当地人民政府、有关部门采取的气象灾害应急处置措施,任何单位和个人应当配合实施,不得妨碍气象灾害救助活动。

第三十七条 气象灾害应急预案启动后,各级气象主管机构应当组织所属的气象台站加强对气象灾害的监测和评估,启用应急移动气象灾害监测设施,开展现场气象服务,及时向本级人民政府、有关部门报告灾害性天气实况、变化趋势和评估结果,为本级人民政府组织防御气象灾害提供决策依据。

第三十八条 县级以上人民政府有关部门应当按照各自职责,做好相应的应急工作。

民政部门应当设置避难场所和救济物资供应点,开展受灾群众救助工作,并按照规定职责核查灾情。发布灾情信息。

卫生主管部门应当组织医疗救治、卫生防疫等卫生应急工作。

交通运输、铁路等部门应当优先运送救灾物资、设备、药物、食品,及时抢修被毁的道路交通设施。

住房城乡建设部门应当保障供水、供气、供热等市政公用设施的安全运行。

电力、通信主管部门应当组织做好电力、通信应急保障工作。

国土资源部门应当组织开展地质灾害监测、预防工作。

农业主管部门应当组织开展农业抗灾救灾和农业生产技术指导工作。

水利主管部门应当统筹协调主要河流、水库的水量调度,组织开展防汛抗旱工作。

公安部门应当负责灾区的社会治安和道路交通秩序维护工作,协助组织灾区群众进行紧急转移。

第三十九条　气象、水利、国土资源、农业、林业、海洋等部门应当根据气象灾害发生的情况,加强对气象因素引发的衍生、次生灾害的联合监测,并根据相应的应急预案,做好各项应急处置工作。

第四十条　广播、电视、报纸、电信等媒体应当及时、准确地向社会传播气象灾害的发生、发展和应急处置情况。

第四十一条　县级以上人民政府及其有关部门应当根据气象主管机构提供的灾害性天气发生、发展趋势信息以及灾情发展情况,按照有关规定适时调整气象灾害级别或者做出解除气象灾害应急措施的决定。

第四十二条　气象灾害应急处置工作结束后,地方各级人民政府应当组织有关部门对气象灾害造成的损失进行调查,制定恢复重建计划,并向上一级人民政府报告。

第五章　法律责任

第四十三条　违反本条例规定,地方各级人民政府、各级气象主管机构和其他有关部门及其工作人员,有下列行为之一的,由其上级机关或者监察机关责令改正;情节严重的,对直接负责的主管人员和其他直接责任人员依法给予处分;构成犯罪的,依法追究刑事责任:

(一)未按照规定编制气象灾害防御规划或者气象灾害应急预案的;

(二)未按照规定采取气象灾害预防措施的;

(三)向不符合条件的单位颁发雷电防护装置设计、施工、检测资质证的;

(四)隐瞒、谎报或者由于玩忽职守导致重大漏报、错报灾害性天气警报、气象灾害预警信号的;

(五)未及时采取气象灾害应急措施的;

(六)不依法履行职责的其他行为。

第四十四条　违反本条例规定,有下列行为之一的,由县级以上地方人民政府或者有关部门责令改正;构成违反治安管理行为的,由公安机关依法给予处罚;构成犯罪的,依法追究刑事责任:

(一)未按照规定采取气象灾害预防措施的;

(二)不服从所在地人民政府及其有关部门发布的气象灾害应急处置决定、命令,或者不配合实施其依法采取的气象灾害应急措施的。

第四十五条　违反本条例规定,有下列行为之一的,由县级以上气象主管机构或者其他有关部门按照权限责令停止违法行为,处 5 万元以上 10 万元以下的罚款;有违法所得的,没收违法所得;给他人造成损失的,依法承担赔偿责任:

(一)无资质或者超越资质许可范围从事雷电防护装置设计、施工、检测的;

(二)在雷电防护装置设计、施工、检测中弄虚作假的。

第四十六条 违反本条例规定,有下列行为之一的,由县级以上气象主管机构责令改正,给予警告,可以处 5 万元以下的罚款;构成违反治安管理行为的,由公安机关依法给予处罚:

(一)擅自向社会发布灾害性天气警报、气象灾害预警信号的;

(二)广播、电视、报纸、电信等媒体未按照要求播发、刊登灾害性天气警报和气象灾害预警信号的;

(三)传播虚假的或者通过非法渠道获取的灾害性天气信息和气象灾害灾情的。

第六章 附 则

第四十七条 中国人民解放军的气象灾害防御活动,按照中央军事委员会的规定执行。

第四十八条 本条例自 2010 年 4 月 1 日起施行。

参考书目

阿里索夫,1957. 气候学教程[M]. 北京:高等教育出版社.

陈洪程,石庆华,张温程,2008. 超级稻品种栽培技术[M]. 北京:金盾出版社.

陈善德,1987. 南方巨峰葡萄栽培技术[M]. 上海:上海科学技术出版社.

陈耆验,1991. 葡萄栽培与加工实用技术[M]. 北京:气象出版社.

陈耆验,刘富来,1993. 山地淡季蔬菜栽培[M]. 北京:气象出版社.

陈耆验,1989. 利用气候资源发展特色农业[M]. 北京:气象出版社.

陈耆验,1996. 充分利用丘岗地农业气候资源大力发展葡萄生产[J]. 湖南农业科学(5).

杜永林,2006. 无公害水稻标准化生产[M]. 北京:中国农业出版社.

冯秀藻,陶炳炎,1991. 农业气象原理[M]. 北京:气象出版社.

冯定原,王雪娥,1984. 农业气象学[M]. 南京:江苏科学技术出版社.

傅道义,1988. 庭院葡萄[M]. 北京:气象出版社.

广州市气象局,2003. 蔬菜与气象[M]. 广州:广东地图出版社.

湖南省气象局资料室,1981. 湖南农业气候[M]. 长沙:湖南科学技术出版社.

湖南省气象局,1979. 湖南气候[M]. 长沙:湖南科学技术出版社.

黎星辉,傅尚文,2012. 有机茶生产大全[M]. 北京:化学工业出版社.

罗跃平,2014. 名优茶叶生产与加工技术[M]. 北京:中国农业出版社.

吕淇,郝永红,卢纷兰,2009. 葡萄高产优质栽培与气象[M]. 北京:气象出版社.

严大义,1989. 葡萄生产技术大全[M]. 北京:农业出版社.

么枕生,1957. 气候学原理[M]. 北京:科学出版社.

赵鸿钧,1978. 塑料大棚园艺[M]. 北京:科学出版社.

张家诚,林之光,1985. 中国气候[M]. 上海:上海科学技术出版社.

张益彬,杜永林,苏祖芳,2002. 无公害稻米生产[M]. 上海:上海科学技术出版社.

张振贤,2003. 蔬菜栽培学[M]. 北京:中国农业大学出版社.